# 我創業，我獨角。

•#精實創業全紀錄,商業模式全攻略 ───○

## UNIKORN Startup

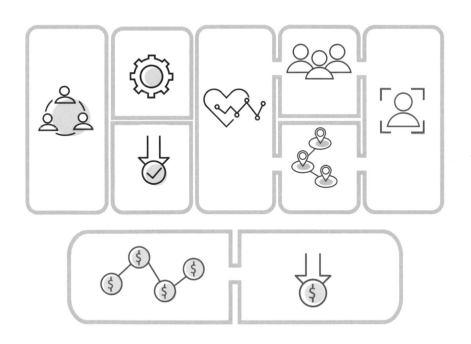

# 關於獨角

獨角义化是全台灣第一個以群眾預購力量，專訪紀錄創業故事集結成冊出版的共享平台。

我們深信每一位創業家，都是自己品牌的主角，有更多的創業故事與夢想，值得被看見。

獨角文化為創業者發聲，我們從採訪、攝影、撰文、印刷到行銷通路皆不收取任何費用。

你可以透過預購書的方式化為支持這些創業故事，你的名與留言也會一起紀錄在本書中。

# 序文

## 「我創業，我獨角」你就是品牌最佳代言人

———— 羅芷羚 Bella Luo

獨角傳媒，對我們來說，它是一個創業者幫助創業者實現夢想的平台！在經營商務中心的過程中，我們常常接觸到許多創業者，其中不乏希望分享自己的品牌/理念/創業故事的企業主，可惜在這個競爭激烈的時代下，並不是每家企業起初創業就馬上做到穩定百萬營收、或是一砲而紅成為媒體爭相報導的對象，大部分的業主常常都是默默地在做自己認為對的事情，直到5年後、甚至10年後，等到企業成功才會被人們看見。在這樣的大環境下，我們發現很少有人願意主動去採訪這些艱辛的創業者們，許多值得被記錄成冊、壯聲頌讚的珍貴故事便這樣埋沒於洪流下，為將這些寶藏帶至世界各地，獨角傳媒在2020春天誕生了！

「每一個人的背後都有一段不為人知的故事」

品牌身處萌芽期之際，多數人看見的是商品，但獨角想挖掘、深究的是創造商品價值的創辦人們。這些故事有些是創辦人們堅持的動力來源，亦或挾帶超乎預期的重大使命感，令我們備感意外的是，透過創作本書的路程中，我們發現許多人只是單純地為了生存而在這片滿是泥濘的創業路上拼搏奮鬥。

因此我們要做的，不單只是美化、包裝企業體藉此提高商品銷售量，我們要做得更多！透過記錄每一位創業家的心路歷程，讓他們獨一無二的故事可以被看見，幫助讀者在這些故事除了商品的「WHAT」，也瞭解它背後的「WHY」！

許多人會有這樣的迷思：「創業當老闆好好喔，可以作自己想作的事，工作時間又彈性，我也要創業。」然而真的創業之後，你會發現你的時間不再是你的時間，當員工一天是8小時上下班，創業則是24小時待命；員工只要按部就班每個月薪水就會轉進戶頭，創業則是你睜開眼就在燒錢，每天忙得焦頭爛額就為找錢、找人、找資源。讀完本書後你會發現：創業真的沒有想像中那麼美好。

看到這裡，也許你會問我：「那還要創業嗎？採訪出書還要繼續嗎？」

我的答案是：「YES! ABSOLUTELY YES!」

大家知道嗎？目前主流媒體、報章雜誌，或是出版刊物中所看到的企業主其實只佔了台灣總企業體的2%，台灣真正的主事業體其實是中小企業，佔比高達98%！(註)；大型企業及上市櫃公司由於事業體龐大，自然而然地便成為公眾鎂光燈下的焦點，在這樣的趨勢下，我們所想的是：「那，誰來看見中小企業呢？」當星系裡的恆星光芒太過強大時，其他星星自然相對顯得黯

淡失色，然而沒有這些滿佈夜辰的星星，銀河系又怎麼會如此浩瀚、閃亮？獨角傳媒抱著讓大家看見星河裡的微光(中小企業主)的理念出發，希望給大家一個全新的視角環顧世界。

不可否認的是，初期我們遇到相當多的挫折跟挑戰，但因為有想做的事情，有想幫助創業者的這份信念，所以儘管是摸著石頭過河，我們仍會堅持走對的路，直到成功渡過腳下湍急的暗流。

如果有讀者認為讀了這本書後便能一「頁」致富，那你現在就可以闔上這本書；獨角在這本書想做的是透過50個精實成功創業者的真實故事，讓大家意識到所謂的困難其實有路可循，過不去的坎也沒有這麼多，我們希望這些創業故事能成為祝福他人的寶典！

「我創業，我獨角」它可以是你的創業工具書，又或者是你親近創業真實面向的第一步，更讓你有機會搖身一變成為自有品牌最佳代言人，改變就從現在開始！

獨角傳媒，未來會成為一個什麼樣的品牌呢？我們相信它是目前全台第一個擁有最多企業專訪的直播平台，當然未來亦會持續增加；除此之外，我們亦朝著社會企業的方向邁進，獨角近來與國外環保團體合作，推出名為「ONE BOOK ONE TREE一書一樹」的公益計畫，只要讀者以預購方式支持書籍，一個預購，我們就會在地球種一棵樹，保護我們所處的星球在文明高度發展的仍保有盎然、鮮明的活力。

另外，我們亦將定期舉辦「UBC獨角聚」──一個B TO B 的企業家商務俱樂部，獨角想打造出一個創業生態系，讓企業之間產生更多的連結、交流與合作契機，不再只是單打獨鬥埋頭苦幹！未來，我們相信這個平台將持續成長茁壯，也期待有更多被採訪創業故事的台灣創業家，終能走向國際舞台，成為世界級的獨角獸公司以榮耀他們自己的創業品牌，有幸參與此過程獨角傳媒真的備感榮焉！

最後，我要感謝每一位受訪的創業家，謝謝你們傾力讓世界變得更美好。值此付梓之際，我謹向你們以及所有關心支持本書編寫的朋友們致以衷心的謝忱！

**將一切榮耀歸給主，阿門！**

*Bella Luo*

> (註)
> 根據《2019年中小企業白皮書》發布資料顯示，2018年臺灣中小企業家數為146萬6,209家，占全體企業97.64%，較2017年增加1.99%；中小企業就業人數達896萬5千人，占全國就業人數78.41%，較2017年增加0.69%，兩者皆創下近年來最高紀錄，顯示中小企業不僅穩定成長，更為我國經濟發展及創造就業賦予關鍵動能。

# 導讀

「這是最好的時代，也是最壞的時代」期待在創業路上剛好遇見你

—————— 廖俊愷 Andy Liao

本書收錄超過50家企業品牌組織的創業故事，每個故事都是精實的。不管你是正在創業或是準備創業，相信都能發現你並不孤獨，也許你也會在這當中找到你自己創業靈感。故事的內容總是感性的，但真實的商業世界卻常常給我們狠狠的上了幾堂課，世界變動的速度太快，計畫永遠趕不上變化，透過50家企業品牌的商業模式圖，讓你直觀全局，所以在你也開始想寫一份50頁的商業計畫書前，也為你自己的計劃先畫上一頁式的商業模式圖，並隨時檢視、調整、更新你的商業模式。

本書將每個故事分為 #A #B #C #D 四大模組，你可以照著順序來看這本書，你也可以隨意挑選引發你興趣的行業來看，你甚至可以以每星期為一個周期，週一看一則故事，週二~週四蒐集相關的行業資訊，在週五下班邀請你的潛在合作夥伴一起聚餐，用餐巾紙畫出你們看見的商業模式。

最後用狄更斯《雙城記》做為結尾，「這是最好的時代，也是最壞的時代」。但是，無論身處怎樣的時代，總會有一批人脫穎而出，對於他們而言，時代是怎樣的他們不管，他們只管努力奮鬥，最終成為時代的主流。

期待在創業路上剛好遇見你

*Andy Liao*

# #A 模組

## 創業故事

**TIP-1** 創業動機與過程甘苦

**TIP-2** 經營理念及產業簡介

**TIP-3** 未來期許與發展潛力

# #B 模組

## 商業模式圖

以九宮格直觀呈現的商業模式圖，讓你可以同樣站在與創辦人相同高度，綜觀全局。

# #C 模組

## 創業筆記

**TIP - 1** 創業建議與經營關鍵

**TIP - 2** 自己寫下本篇的重點

# #D 模組

## 影音專訪

如果你對文字紀錄還意猶未盡，可以拿起手機掃描，也許創辦人的影音訪談內容能讓你找到更多可能性。

# 精實創業 人人都是創業家

精實創業運動追求的是，提供那些渴望創造劃時代產品的人，一套足以改變世界的工具。
───────《精實創業：用小實驗玩出大事業》The Lean Startup　艾瑞克·萊斯 Eric Rice

精實創業是一種發展商業模式與開發產品的方法，由艾瑞克·萊斯在2011年首次提出。根據艾瑞克·萊斯之前在數個美國新創公司的工作經驗，他認為新創團隊可以藉由整合「以實驗驗證商業假設」以及他所提出的最小可行產品（minimum viable product，簡稱MVP）、「快速更新、疊代產品」（軸轉Pivot）及「驗證式學習」（Validated Learning），來縮短他們的產品開發週期。

艾瑞克·萊斯認為，初創企業如果願意投資時間於快速更新產品與服務，以提供給早期使用者試用，那他們便能減少市場的風險，避免早期計畫所需的大量資金、昂貴的產品上架，與失敗。
─────── 維基百科，自由的百科全書

你正在創業或是想要創業嗎?

□ Yes　　□ No

你總是在創造客戶價值，或是優化你的服務?

□ Yes　　□ No

你試著探索創新的商業模式來影響改變這個世界

□ Yes　　□ No

如果你對上述問題的回答為 **"Yes"**，歡迎加入我創業我獨角!你手上的這本書，是寫給前瞻者、開創新局者，以及挑戰者，協助大家擺脫過時的商業模式，設計出未來所需的新企業。這是一本寫給創業世代的書。

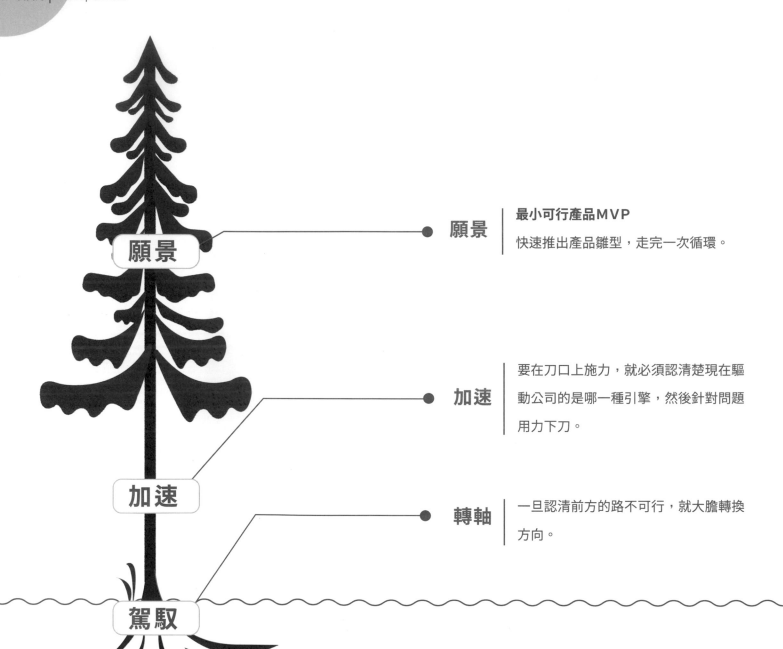

**願景**

**最小可行產品MVP**
快速推出產品雛型，走完一次循環。

**加速**

要在刀口上施力，就必須認清楚現在驅動公司的是哪一種引擎，然後針對問題用力下刀。

**轉軸**

一旦認清前方的路不可行，就大膽轉換方向。

| 駕馭 | 加速 **3** 個成長引擎 | 願景 |
| --- | --- | --- |

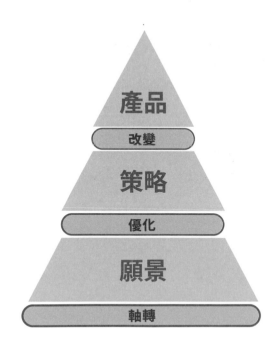

黏著式

病毒式

付費式

# 商業模式全攻略

### 重要合作

誰是我們的主要合作夥伴?誰是我們的主要供應商?我們從合作夥伴那裡獲取哪些關鍵資源?合作夥伴執行哪些關鍵活動? 夥伴關係的動機:優化和經濟,減少風險和不確定性,獲取特定資源和活動。

### 關鍵服務

我們的價值主張需要哪些關鍵活動?我們的分銷管道?客戶關係?收入流?
類別:生產、問題解決、平臺/網路。

### 核心資源

我們的價值主張需要哪些關鍵資源?我們的分銷管道?客戶關係收入流?資源類型:物理、智力(品牌專利、版權、數據)、人力、財務。

### 價值主張

我們為客戶提供什麼價值?我們幫助解決客戶的哪些問題?我們向每個客戶群提供哪些產品和服務?我們滿足哪些客戶需求?
特徵:創新、性能、定製、"完成工作"、設計、品牌/狀態、價格、降低成本、降低風險、可訪問性、便利性/可用性。

## 顧客關係

我們的每個客戶部門都期望我們與他們建立和維護什麼樣的關係?我們建立了哪些?他們如何與我們的其他業務模式集成?它們有多貴?

## 渠道通路

我們的客戶細分希望通過哪些管道到達?我們現在怎麼聯繫到他們?我們的管道是如何集成的?哪些工作最有效?哪些最經濟高效?我們如何將它們與客戶例程集成?

## 客戶群體

我們為誰創造價值?誰是我們最重要的客戶?我們的客戶基礎是大眾市場、尼奇市場、細分、多元化、多面平臺。

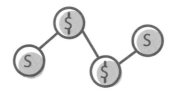

## 成本結構

我們的商業模式中固有的最重要的成本是什麼?哪些關鍵資源最貴?哪些關鍵活動最貴?您的業務更多:成本驅動(最精簡的成本結構、低價格價值主張、最大的自動化、廣泛的外包)、價值驅動(專注於價值創造、高級價值主張)。樣本特徵:固定成本(工資、租金、水電費)、可變成本、規模經濟、範圍經濟。

## 收益來源

我們的客戶真正願意支付什麼價值?他們目前支付什麼?他們目前如何支付?他們寧願怎麼付錢?每個收入流對整體收入的貢獻是多少?
類型:資產銷售、使用費、訂閱費、貸款/租賃/租賃、許可、經紀費、廣告修復定價:標價、產品功能相關、客戶群依賴、數量依賴性價格:談判(議價)、收益管理、實時市場。

# 商業模式圖

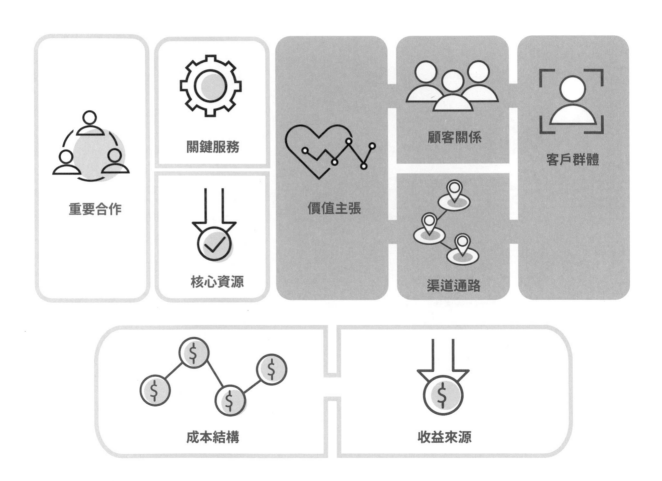

**99%的商業模式都有人想過　差異是每天進步1%的檢視驗證調整**

**為誰提供**

客戶區隔

**如何提供**

通路通道 (客戶關係)

**提供什麼**

價值主張

**如何賺錢** 收入來源

**(核心資源、關鍵活動，主要夥伴，成本結構)**

---

## 創業TIP

- **幫助企業主本身再次檢視釐清整體商業模式。**

- **幫助商業夥伴快速了解企業前瞻與合作可能。**

- **幫助一般讀者全面宏觀學習企業經營之價值。**

商業模式圖是用於開發新的或記錄現有商業模式的戰略管理和精實創業模板。這是一個直觀的圖表，其中包含描述公司或產品的價值主張，基礎設施，客戶和財務狀況的元素。它通過說明潛在的權衡來幫助公司調整其業務。

商業模型設計模板的九個"構建模塊"（後來被稱為商業模式圖）是由亞歷山大·奧斯特瓦爾德[ Alexander Osterwalder 於2005年提出的。

——— 維基百科，自由的百科全書

# 目錄

# Chapter 1

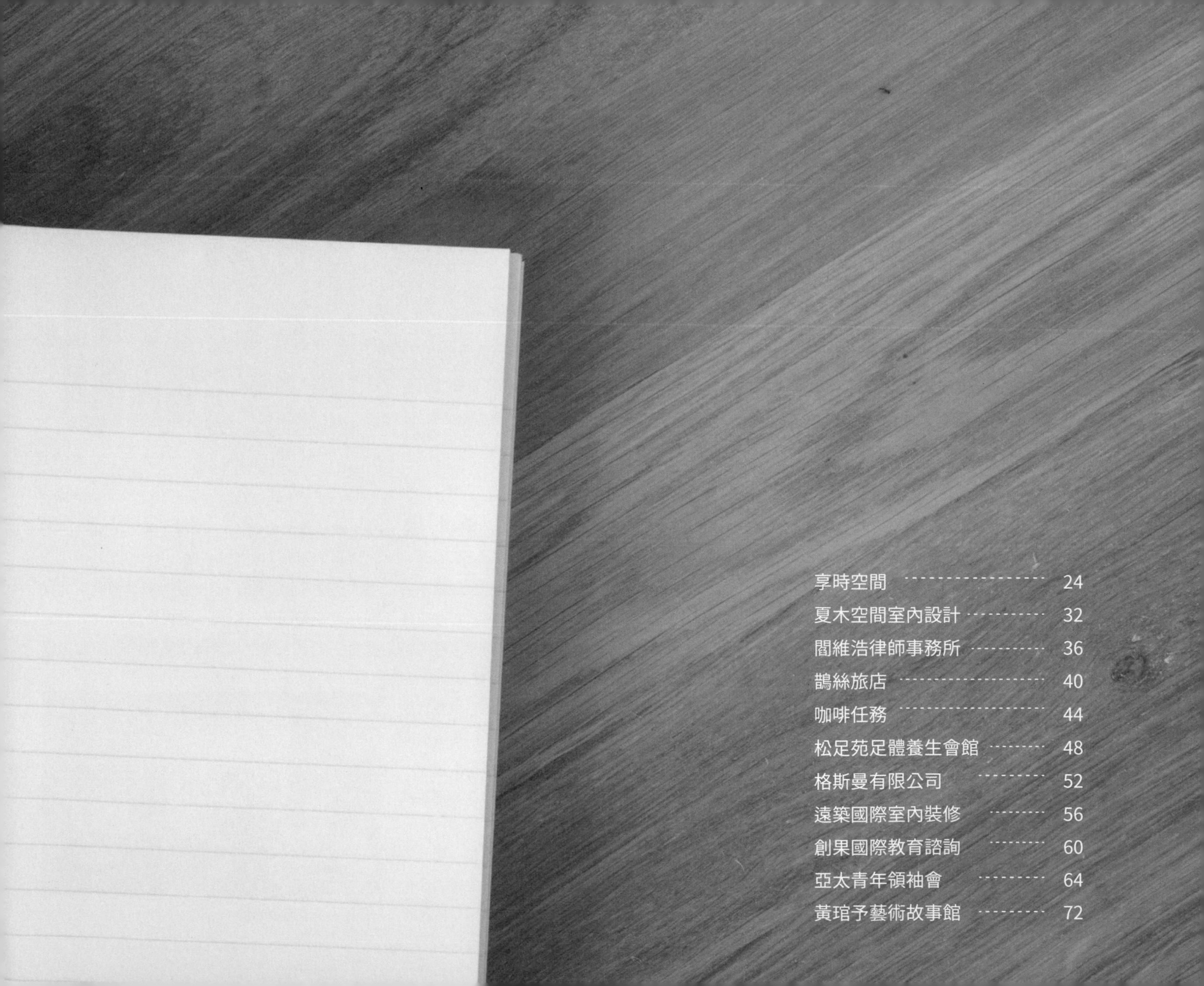

享時空間

**ShareSpace**

網路帶動了許多過去沒有出現過的產業, 其中一項就是共享經濟, 需要使用卻不一定
得要擁有, 金融和財產的概念開始在人們心中改變, 消費習慣也因為許多支付方法不
同而轉換, 而小到雨傘、行動電源, 大到房子、車子, 各種各式各樣的共享模式出現, 而
享時空間抓準這樣的商機, 在台中精華地段七期, 用不同的方式呈現空間共享的價值。

全球視訊會議室

## 從使用者到創造者，
## 打造獨一無二的空間

Share Space享時空間的共同創辦人Bella過去是一個專
業的講師，走過各式樣的演講台，教室，她思考到為什
麼過去在講台上分享的時候，只能在制式的會議空間場
域裡，是否可有更開放，更有美感和精緻的空間！於是，
Bella與共同創辦人開始發想，如果可以提供一個空間，
有各行各業的人在裡面，在空間中人與人有很好的連結，
互相交流，也讓他們可以在更舒適的辦公室中，去創造他
們的可能性。

透過每次的分享傳
遞享時空間的計劃

## 為進駐客戶打造完美品牌形象

從一樓就能感受到氣派的大廳、大樓的安全性，
Bella提到選在七期，是有其用意的，因為他們
的客群，多是已經做生意一段時間想要擴張團
隊，或是個人工作室居多，他們希望進駐的顧
客不僅自己可以享受到空間帶來的舒適與一站
式服務的便利，根據顧客的需求中心秘書會給
予最適當的協助，也思考到，這些創業者的顧
客或合作夥伴來到享時空間洽談諮詢生意時，
也能從踏進辦公室那刻，就感受到專業優質的
品牌形象，為進駐的客戶加分。

跟著這樣的念頭，她們希望能提供和一般共享
辦公室不一樣的模組，過去對於辦公室的印象
就是用隔板隔好幾個小格子，每個人擁有自己的

一方辦公桌，每個人都毫無特色，厚重的色彩
和狹隘的空間，到享時空間內，空間的設計也大
膽採用幾近全透明的隔間，使每間辦公室空間都
採光度很好通透又明亮。且大多數的共享空間
都會在老舊大樓中，享時空間則決定顛覆這樣

與創業者分享空間計畫演講

1. 辦公室坐落在台中的精華路段  2-3. 公設咖啡吧台乾淨整潔，輕鬆的空間也具質感  4. 一樓門面豪華氣派，有良好的人員進出管理

的想像，不僅地段選擇在台中市區最精華最多辦公大樓林立的七期，緊鄰交流道及台中主要幹道，極其方便，還為共享空間及辦公室創造了新的印象。享時空間每一個細節都令人驚訝，即便需要更多的成本，也堅持給予顧客更好的質感，辦公所使用到的桌椅，幾乎都從外進口及客製化，這邊還特別做了一個貼心的設計，坐在椅子上辦公的高度，是無法看見不同辦公空間的人，這讓他們可以專心工作，但只要想放鬆時刻，可以輕易的和人互動交流，因為站起來的高度可以看見彼此，創造能彼此交流的環境，這邊不只是辦公的冰冷，更增添了一份人情溫暖。

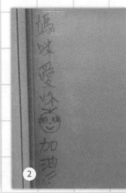

1.支持Bella的家庭大合照 2.Bella母親默默留下的愛與鼓勵 3. 和支持享時空間的夥伴大合照 4-7. 享時空間顛覆傳統辦公室，創造出有通透感的明亮空間

1.公司聚餐 2.團隊合照

當初享時空間概念剛成型時聽起來很難實踐，週遭的友人認為市場上沒有類似的概念，無法想像一個他們從不熟的領域，初期做時有許多人不看好，但在創業路程中，不斷被質疑的過程卻讓他們越挫越勇！除此之外，創業的忙碌常常會沒有時間陪伴家人，Bella說有時候和父母親通話時，可以感受到親人滿滿的愛與失落夾雜一點擔憂，但又真的沒有時間可以挪出來陪伴他們，那時候真的很揪心，但後來家人也看到他們的堅持，看到他們做得比說的更好！

Bella回憶剛開業的時候，家人有次來參觀享時空間，那次他們驚訝的回饋說，從沒看過這麼有質感的辦公空間，這是他們做到被肯定的第一步，而且母親還默默在辦公室留言「媽咪愛妳，加油」母親用她自己的方式支持，不僅讓Bella非常感動，也更有能量繼續努力。

1.活力四射的創業夥伴　2.夥伴們一起慶生，紀錄每次活動的軌跡 享時空間提供聚會場所舉辦活動
3-5 享時空間想帶給大家的是人與人的交流和資源串流、也會在空間中辦理各式活動 6.創業者聯盟
交流活動參與

## 合夥是一加一大於二

即便創業過程有很多挑戰，但他們有很強的信念及共同信仰，希望由共享空間踏出第一步，最終可以成為自帶資金，來支持想要創業的人實現夢想的創投公司。而堅持過來的理由，Bella提到有一個好的合夥人很重要，他們是彼此的導師，能夠在低潮的時候彼此鼓勵，且在個性上兩人很互補，一個處理人，一個處理事情，良好的分工讓他們有足夠優勢，但也因為思維不同，容易遇到溝通問題，但他們總是更願意發現彼此好的那一面，都是為了公司好，有共同想完成的事，那就放下情緒，為了共同的夢想努力吧。

透過廣告、網路社群和房仲等等行銷後，開始陸續有人詢問進駐辦公室，而大部分的客戶都相當喜歡享時空間，雖然有些客戶沒有進駐但也會給予鼓勵，不吝嗇表達他們的喜愛而至今，目前的進駐率也達到8成左右。享時空間希望持續秉持人與人間的交流碰撞，即便是同業也希望能合作而不是相忌。

享時空間預計要創造更多的聯盟館，短期希望可以有更多人看見享時空間，中期要打造全台三年十個館別十年五十個聯盟館別，讓全台灣所有需要辦公空間的人都能達到真正的異地辦公，並透過進駐的夥伴帶來更多不同的資源，未來長期更期待除了空間的共享，希望真正達到彼此互利共生的企業合作模式，創造出更多可共享的資源、資金，最終享時空間能成為全方位的空間共享品牌。

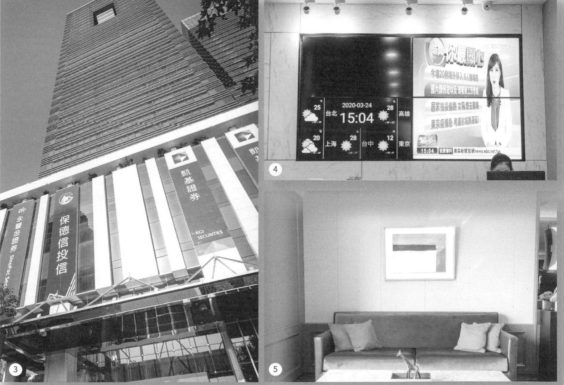

1. 一樓門面，讓來到辦公室的貴賓倍感尊榮　2.辦公室內部，以白色為主的主色調，加上一些色彩，讓辦公空間留有活力　3. 辦公室大樓外觀　4. 電視牆視覺聚焦，即時資訊

# #B  商業模式圖 BMC

 **重要合作**

 **關鍵服務**
- 包租講座
- 斜槓講座

 **核心資源**
- 包租計劃
- 代理商計劃

**價值主張**
- 商務中心4.0
- 加盟館
- 直營館
- 聯盟館
- 企業軟件

**顧客關係**
- 社群經理
- 中心秘書

**渠道通路**
- 客戶引薦
- 投資人
- 代理商

**客戶群體**
- 自由業者
- 移動工作者
- 企業家
- 國際員工
- 商辦業主
- 小資族
- 斜槓青年
- 包租公.婆

重要合作便利貼：
- 海外商務中心
- SPACE PO
- 軟件開發商
- 創業者聯盟

## 成本結構

租金、人事成本、建置費用

## 收益來源

權利金、活動租金、辦公租金、代管費用

# \#C 創業 TIP 筆記 ✍

- 用新的思維創造出市場上沒有的商業模組，帶領業界成為領頭羊，第一批進入市場或創造市場的人擁有最多

- 商品做出差異化並維持品質，有效區隔市場，抓住顧客喜好和市場趨勢就有切入機會

# \#D 影音專訪 LIVE 📹

**Share Space 享時空間**

SCAN ME

• LIVE ▶

04-37077357　sharespace.cc/

台中市西屯區市政路402號5樓之6

fb.com/ShareSpace.cc/

# #A

夏木空間室內設計

「如果對自己喜歡的事情沒有辦法放棄,那就努力讓自己被看見!」受到喜愛的前輩設計師影響,夏木空間設計事務所的負責人何孟蓁 Ida,看似溫馴可人的她,講話有著非常堅定的氣勢,她調侃自己外表看似柔順其實是很叛逆的性格。

1. 與客戶的合照(客戶祝賀Ida公司成立的開幕茶會) 2.依據客戶客製居家風格設計

## 為熱愛追求人生精彩的思想家

對於自己的人生希望有一定的掌握度,Ida分享,工作佔了人生中至少三分之一的時間,如果不能做自己喜歡的事情,這人生的1/3時間不就白白浪費掉了嗎?對Ida而言,工作與生活是一體的,如果選擇做自己喜愛的工作,那麼在工作中,就是一種生活的樂趣與態度,能夠享受其中、學習其中,而不僅僅是一個交代、待完成的事項而已。本身是一個不斷追求自我精進和成長的人,當初會有創業的念頭,除了要為自己的生命奮力一搏以外,也是因為想要學到更多東西。她並不滿足於只是在工作中學到專業技術,而是想要探索更多關於領導管理、溝通以及擴張自己的能力範疇。

小時候,為了依順父母的期待,大學時期修讀師範體系,當一個擁有穩定收入、固定工作的教職人員。大學畢業後,教師的工作與按表操課的工作時程,讓Ida瞭解到她對這個行業並沒有熱情,除了耽誤孩子的成長與教育,也讓她覺得自己沒有辦法對這行業貢獻價值。

為自己的人生活出精彩的路是Ida所追求的。她思考著趁著還自己年輕,能靠自己賺錢養活自己了,如果沒有奮力一搏,努力為自己爭取真正喜歡的事,那麼人生就實在太無聊了!決定之後,在她追尋目標的過程,發現全世界都為她開路!透過大學時期主修藝術與設計的作品集與研究論文,申請入學進入台灣室內設計龍頭學校-中原大學室內設計研究所,因此她也得以順利進入室內設計這個產業。在職場上有設計熱情於背後作為驅動,讓Ida成長得很快!也因此獲得了父母的肯定與放心。雖然小小繞了路,但也因此讓她能夠跳脫院生的思考框架,讓她能用更活潑自由的思維與角度去學習室內設計。

「一開始當然也有遇到困難的時候,第一個客人的信任,對我來說是很大的激勵,幫助我建立自信。」提到印象最深刻的事情,Ida充滿感恩的提到她的客人。還沒有工作室和公司之前,就有客人看見她的專業,信任她,願意將退休後,非常重要的家交付於Ida,這讓她更有勇氣也更有信心出來創建個人工作室,也奠定她在2019年正式成立夏木空間設計事務所。

## 成就感來自於讓客戶顛覆想像,發出wow的驚嘆聲

以使用者為本出發的設計,Ida雖然大學擁有修習藝術的背景,但她認為設計師並不是藝術家

能夠隨心所欲的創作，站在至高點要客戶買單。室內設計是提供專業的服務業，感同身受業主的需要，換位思考如果自己身為業主會在意的是什麼事情，會有什麼樣的顧慮和想法，這是夏木空間設計可以越來越受到顧客青睞的關鍵點。不管是用心籌備已久的商業店面、還是一個富有情感交流的家庭、工作了大半輩子後的退休空間等等…和顧客站在同一邊，理解他們對這個空間的期待，同時以自身專業給予真誠的建議，良好的互動和溝通成就了她第一步。

Ida認為作為一個專業的室內設計師須是感性與理性的結合，室內設計不是藝術品，不僅是表面華麗裝飾材料的堆疊，而是以使用者為主軸的理性規劃，是為了人類活動而生的，富有機能性的產品。對於一個空間而言，最長期使用和待在這個氛圍裡的人並不是設計師，而是業主，所以這個空間必須是和業主一起創造出來的結果。

除此之外，Ida在每一次新的設計委託中總會用不同的觀點重新思考，追求每一次的設計都是獨一無二的，因地、因人適宜而創造。雖然這過程其實很燒腦，很耗能量，有時候也會覺得為什麼要這樣搞自己，明明用一個工廠模組就可以簡單快速的做出結果，但回歸到信念，設計本身就是創造新的事物，能夠顛覆人們的想像，當客戶看到成品，發出驚嘆聲的那刻，一切都是值得的。她希望她所呈現的每一次的作品都可以讓人不自覺的發出WOW的驚嘆！

## 承擔責任，成就感動

Ida小小的身軀內心有著鴻大的志願，她也分享到如果希望成就一份事業，就必須要承擔責任，如果你不敢承擔責任，別人怎麼敢把幾百萬的東西交託給你呢？為什麼企業老闆要叫負責人，正因為必須勇於承擔負責。正因為Ida有著這樣的特質，才成就了夏木空間設計事務所。夏木空間有天會成為被看見的品牌和信念，成為業內具有影響力的存在，也許過不久我們能看到這個品牌躍上國際，成為指標性的存在，這是夏木空間未來希望呈現的樣貌，有如佇立在夏日艷陽中的樹木，給予人們安心庇護之餘，也仍能擁抱和煦陽光，不只是在台灣這塊土地，還能夠溫暖整個世界。

1.位於台中國家歌劇院頂樓的堁夏咖啡 2-5.夏木空間設計用心的設計成果

# #B | 商業模式圖 BMC

 **重要合作**

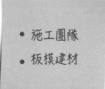
- 施工團隊
- 板模建材

 **關鍵服務**

- 居家室內設計
- 商業空間設計

 **核心資源**

- 技術資源
- 溝通協調

 **價值主張**

- 提供客製化，令人驚嘆的空間設計

**顧客關係**

共同創造結果的夥伴

 **渠道通路**

- 口碑行銷

 **客戶群體**

- 新屋裝修
- 預售屋客變
- 商業空間
- 辦公室設計

**成本結構**

時間、技術成本

**收益來源**

案件收入

# #C | 創業 TIP 筆記 ✐

- 提升專業技能、個人品牌來增加顧客信賴度
- 為顧客打造獨一無二的空間，創造品牌差異化
-
-
-
-
-
-
-
-

## 支持者留言

第一次找設計師，讓我很幸運的遇到你
———— 陳栢亞

# #D | 影音專訪 LIVE

閣維浩律師事務所

台灣人對於律師的印象，通常是顏值高，不苟言笑，惜字如金，每一句話都要精準到位，精明幹練的形象，擁有高學歷，有著菁英的頭腦，每天的工作是寫訟狀，打官司，然後用晦澀難懂的辭彙和對立方吵架辯駁。而這次訪談閣維浩律師事務所負責人，閣律師讓我們證實了，擁有高度專業，也能親切侃侃而談，然而更特別的是，與其說閣律師是一位律師，不如說他是社會觀察家，對社會既有規則有自己的看法，並且用實際行動告訴眾人，他可以獨一無二。

## 叛逆的實踐家

說起創業，閣律師有滿腔的熱情要訴說，他曾認為自己和人們格格不入，也不認為自己特別聰明，在考取律師的過程中他體會到，有時候並不是努力就能獲得，雖然努力也很重要，但選擇和方式有時候才是關鍵。

創業對閣律師而言這是沒有選擇的選項，他認為創業有三個很重要的因素考量，包含個人特質、能力和機運，個性適不適合在別人公司上班，是否更趨向要把自己的想法表達出來，有沒有那個能力做到，再來是真的要做的時候，是不是適合的時機，有沒有資源能協助處理。

## 開創可能性，沒有唯一的標準答案

如果不選擇大家都走的路，去開啟新的一扇門，門後會有什麼樣的結果，閣律師感到很好奇，如果用一樣的模式去做，就不可能有新的突破，我們期待會有更好的結果，那就要用不同的方式嘗試。另外律師也提到如果看見一個需要被解決的問題，就會想要試著處理，但是如果被社會階級所框架，有時候沒辦法傳達自己意見，問題也可能沒辦法被解決。

閣律師有很強烈的個人特質，從小到大一直都接觸社會科學，讓他了解，任何事情都應該要開放式，在成長的歷程中，他發現台灣的整體教育環境都僅能統一一個標準答案，並用這樣的框架套用在每個人身上，他對這樣的想法感到不解，甚至感到痛苦，並且開始想要反抗這個社會框架。他也回憶過去在讀書時期也有遇到天才型的人，這樣的人才大多都留在國外，或是當醫生、法官，但這樣很可惜，沒有樹立具創造性的事蹟或是留在台灣創造價值，而他也提到若一直如此，台灣會越來越失去競爭力。

他比喻，不能期待鳳梨有著芭樂的功效和價值，每樣水果都有各自的市場，如果在芭樂市場看到塗滿綠色的鳳梨，也不會有人為它買單，但是再將它擺回鳳梨的市場，它也不再是鳳梨了，而這跟台灣的環境很相似，用同樣的規範和條件去要求每個人成為一樣，把每個人都塑造成綠色的鳳梨，卻不在乎本質。

## 時間花在哪，成就就在哪

在這樣的情況下，台灣優秀的人才普遍不在該在的位置上，就業市場沒有對應的配套措施來跟上從小的多元學習，我們從小學了非常多的才藝和技能，卻很少真的在社會上發揮用處，最終都成了浪費的時間，去應徵時，面試官只會在乎應徵者是否擁有他們想要的技能，就算

參加國際扶輪社剪影

他擁有更多其他優勢，在就業上也不一定具備優勢。因此造就很多人也只能迎合市場，花時間在他們根本不適合或不喜歡的事情上，但這個世界是很公平的，每個人都只有24小時，花時間在哪裡，成就就會在哪裡，如果比爾蓋茲選擇先完成學業，這過程中有人比他先做了微軟，也許現在我們就不會知道比爾蓋茲是誰，每一個選擇都有機會成本，所以並非可以耗費大量時間累積，而是要回到自己要的到底是什麼，並往該方向去增進自己。

## 不想他人定義，只想做自己

認為這個世界有很多答案、想做自己、不想被他人定義。這就是閻律師開始創業的起因，他認為每個人都應該去嘗試，甚至許多的工作存在於未來，而不存在於現在。就像現在也有許多自媒體，能夠去發揮他所會的所有，這是新的時代，可以去定義自己。法律是立法者所規範出的遊戲，所以沒有太大的變動空間，開創法律事務所這是階段性的目標，未來閻律師的終極目標並非事務所，而是想要改變台灣教育的問題，閻律師不只要成為法學相關領域的專家，更關注社會、教育問題，關注想法如何被實踐。經營法律事務所，幾乎身邊的人都反對，社會對律師的期待，好像就應該要去事務所，要去打官司，但閻律師認為應該要有不同的可能性，要去創造自己的遊戲規則，他也曾為別人工作，雖然也學習到很多，但他更希望能夠做自己的事業，雖然有更多辛苦的過程，但至少都是自己的結果，也能讓自己的名字被看見。

## 已經看見想要的未來，那就去做

未來閻律師希望可以透過資訊流和金流，創造一個由法律和科技結合的公司，他希望人們的想法能夠有足夠的基礎建設支持其實踐，也希望有更多不同產業的人互相交流碰撞，如同共享空間能創造的價值。

閻律師鼓勵大家可以多去創造，「當你決定要做一件事的時候，全宇宙都會為你開路」，律師目前對這句話有很正向的體驗，前提是必須先相信自己可以做的到，那時就會發現其實自己身邊有很多資源，停下來思考一下適合自己的方法為何，去創造屬於自己的世界。

# #B | 商業模式圖 BMC

### 重要合作

- 司法體系

### 關鍵服務
- 法律諮詢服務
- 打官司

### 核心資源

- 法律知識，技能
- 經驗

### 價值主張

- 為他人解決法學相關問題

### 顧客關係

自助式，需要的人會主動尋求協助

### 渠道通路

- 透過介紹

### 客戶群體

- 需要法律諮詢或打官司的人

### 成本結構

依案件變動成本時間

### 收益來源

案件收費

# #C | 創業 TIP 筆記 ✐

- 懂自己為甚麼要創業，設定最終目標願景，就會知道自己為何堅持

- 提升專業能力，加強經驗，讓自己成為品牌

- _____
- _____
- _____
- _____
- _____
- _____
- _____
- _____
- _____
- _____
- _____

# #D | 影音專訪 LIVE 📹

閻維浩律師事務所

• LIVE ▶

0986-338958

台中市西屯區市政路402號5樓之6

# 鵲絲旅店

CHASE
Walker Hotel

鵲絲旅店, 有著輕旅風格的文青感受, 特別的是, 一踏進鵲絲旅店沒有人喊歡迎光臨, 這裡沒有櫃檯, 取而代之的是十分容易操作的螢幕界面, 設計的簡潔易懂讓每一個人都容易操作, 這是台灣首創的無人旅店, 木頭色調的整體風格給人舒適和自然的感受, 但進門就吸引眼球的機械手臂告訴我們這是一間有著高科技設備運用的旅館。

1.寄放行李，機器手臂 2.簡潔易懂的操作介面，讓顧客一卡皮箱輕鬆入住
3.鵲絲旅店團隊，工作環境照 4.送餐機器人，零接觸服務

## 開拓屬於自己的藍海

在台中旅店的戰場之一，逢甲商圈中，有著這樣一間無人旅店，創辦者之一吳秉庭Sam大膽改變傳統的旅店模式，在這片紅海市場闖出自己的一片天空，甚至他還想在這片紅海中開拓屬於自己的藍海。Sam從大學時期就很有生意頭腦，也有獨到的眼光，在財務領域學習培養出他對市場的敏銳度，那時就開始和共同合夥人一起做生意。一開始他們從不動產，法拍屋開始做，慢慢做到更複雜的建屋，到旅館業，Sam思考，網路改變了世界，改變了生活型態，也創建出很多新的遊戲規則，時代一直在改變，是否飯店業也能運用大數據、物聯網來創造屬於他們的獨特的產業，Sam引用馬雲的話，先有想法，先知道要做些什麼，然後找到對的團隊、對的人來做事情。

## 堅持自己的想法，總有人會理解並一起共同前進

在這個起心動念下，他們開始組建團隊，這是一件困難的事情，因為當時的Sam並沒有相關的背景，也不懂程式，於是從零開始組建團隊，Sam團隊中有位夥伴當初是勸Sam不要投入的人，當時因為看中這位夥伴的能力，希望邀請他一起成就大業，對方卻誠懇的建議Sam不要做，因為就專業角度看來這是極度冒險的事情，資本額耗費太重，而當時Sam的願景又是市場上從未出現的模式。

但是Sam沒有放棄和對方傳達自己的理念，最後他同意先見面對產業進行瞭解，結果這一見面竟然就聊了六個小時之久，也因為這次的深度探討讓Sam團隊加入一枚大將，後續陸陸續續更多志同道合的

夥伴加入，也有曾做過相關專題的逢甲的研究生，團隊慢慢成形更加的穩固。Sam謙虛的提到他十分幸運，他說人對了，事情就對，過程很艱困，要當第一個人就意味著，沒有人會告訴你怎麼做，要溝通到讓團隊的人接收到自己想傳達的事，沒有理解錯誤，並且要能夠一起排除萬難真的不是一件容易的事情。前期的系統開發耗費非常大量的精神力和資金，也曾經手頭沒有資金但隔天要還千萬的過程，但他們憑藉自己想做的信念，遇到任何困難都去想辦法解決，也因為這樣的堅持，加上敏銳的市場眼光，對未來趨勢的理解，鵲絲旅店成為全台灣第一間無人旅店，並且還持續成長，住房率也在去年12月達到了9成。

1.鵲絲旅店充滿特色的招牌 2.鵲絲旅店大廳空間 3-4.房間內環境照片

## 掌握大數據掌握下個世代

他們的好成績也順利申請經濟部AI on chip研發補助計畫，也吸引到日本的WBF希望能洽談智能旅店的合作，現也已經開始著手處理，Sam分享，瑞士洛桑旅館管理學院的權威也曾提到未來旅店將會走向科技業管理，高端的會越來越高端，而平價的就要看特色。曾經能掌握石油的人就能掌握全世界，而現今，誰能掌握大數據的技術，誰就能掌握世界，未來Sam對飯店的期許，不單單只是能無人服務這麼單純，而是可以做到，掌握大數據的應用。如果顧客是籃球愛好者，後端可以透過入住者所看過節目來收集數據，讓全世界的旅店支援顧客在網路訂房時就能提供當地籃球賽事的門票，甚至到交通方式，到觀賽的爆米花與熱狗堡都能提前處理，讓生活變得更輕鬆，把時間放在真正的享受旅程，享受與家人相處的時光，而不是上網比價或搶票。

## 跟對趨勢，培養判斷能力

Sam認為世界上最貴的成本是時間，如果想做一件事情，那就去做，人們有很多可能性，當開始有一個念頭產生，很多人就會開始提供幫助，但要信念夠強，並且堅持，最重要的是如果想創業，必須要跟對趨勢，要有判斷趨勢的能力，否則再多的努力都是白費，所以要培養對事情的看法，判斷對錯的能力。另外有個導師是很重要的，Sam和夥伴常常互相檢視彼此的想法，做頭腦風暴，找到可以和自己討論的對象，每一個人都會存在盲點，即便是世界頂尖的選手都會有教練，所以找到可以溝通討論的合作夥伴，並且在討論過程中加強判斷力。

除了創業之外，Sam也對社會有所關懷，他提到台灣的人才真得非常多，尤其是軟體和加工業，台灣做了許多精緻產品，優良的軟件開發，在世界各個品牌中成為很好的輔助角色，但是我們卻沒有自己的品牌，這是他感到很可惜的。

他也提到台灣目前的現況呈斷層貌，有衝勁有想法的人沒有資金沒有資源，很多人還為了生存掙扎努力，他們可能有很好的想法，可以改變社會，而有資源的人卻不願意放權或用於社會，他相信快樂是需要分享的，所以他也呼籲，如果擁有足夠的資源，可以嘗試資助新創團隊，讓這些有想法的年輕人，有機會被看見，能有機會在全世界的舞台發光發熱。

# #B  商業模式圖 BMC

 **重要合作**

- 自動化設備ABB
- 旅店平台
- 逢甲餐飲

 **關鍵服務**

提供睡眠休息服務

 **核心資源**

- 軟體技術
- 硬體設備

 **價值主張**

自助化服務、更便宜的房價提供

 **顧客關係**

自助式，有需求的人

 **渠道通路**

- 社群
- 旅店平台

 **客戶群體**

- 小資旅行者
- 出差職員
- 需要休息的人

 **成本結構**

開發、維護、系統更新

 **收益來源**

房客入住收入

# #C 創業 TIP 筆記 🖉

- 省下人力成本回饋到房價中，讓顧客覺得物超所值
- 了解未來世界的趨勢，並不斷進步和更新學習

  - _____
  - _____
  - _____
  - _____
  - _____
  - _____
  - _____
  - _____
  - _____
  - _____
  - _____
  - _____

# #D 影音專訪 LIVE

鵲絲旅店
**CHASE Walker Hotel**

• LIVE ▶

04 2452 5387

台中市西屯區福星路230號

fb.com/Chase.Walker.Hotel/

# #A

咖啡任務

1.門口的咖啡解構看板 2.紳士且神祕感的咖啡形象 3.吧檯背板簡單但可愛
的文字

「對每一位委託人來說, 都需要一些東西來展開任務。」這是咖啡任務的slogan
希望將平價高品質的咖啡, 帶給每日上班前匆匆忙忙在便利商店排隊的白領
階級, 用一杯咖啡香打開睡眼惺忪的早晨, 開啟一整天的繁忙任務, 這除了是
咖啡任務的主題外, 也是他們剛開始創立的概念以及品牌名稱的由來。

## 自帶任務的特色咖啡店

咖啡任務的共同合夥人陳恬妮Nini分享, 做咖啡任務的
出發點, 是因為發現許多人早上都需要喝一杯咖啡才能
開機, 讓自己提振精神, 尤其大多數的白領、辦公族群,
但他們選擇不多, 通常是便利超商或是早餐店的咖啡,
這些方便的咖啡並不一定符合每個人喜歡的口味, 而且
上班人潮多, 有時候光排隊就要花掉15、20分鐘, 於是
帶著「讓需要咖啡因的人喝到有品質的好咖啡」這個「
咖啡任務」在南區商辦大樓的36樓開始執行。
咖啡任務的建立, 是幾個彼此志同道合的人一起嘗試的,
Nini說因為他們本來擅長的領域就不同, 彼此尊重專業
所以較少爭執, 和商業空間設計的團隊一起租借商辦場
地, 他們需要談案子的時候就會在咖啡店裡喝咖啡, 而
咖啡任務需要的品牌設計相關的需求, 就交由他們來滿
足, 是一個共同互利的模式。

在咖啡任務之前做連鎖咖啡的工作, Nini自那
時起就有咖啡夢, 年輕的她有著高度行動力,
投入到創業中, 有時候不要害怕沒資源, 正因
為年輕還有時間, 才不怕失敗, 可以盡力一搏,
因為家境不好, 她很早就出社會, 也會認為自
己可以嘗試創業, 拼一點讓自己有成績, 讓家
人過好日子。

## 每個細節都是亮點,
## 任務是讓客人再回訪

但她也提到自己親身投入才發現沒那麼容易,
剛開始會不知道叫貨量、消耗量, 第一年因為
堅持高質感低價位的咖啡服務, 成本容易壓不
下來, 利潤不夠的情況, 他們也曾一年沒有正
向收入, 除此之外因為地點在商辦大樓中, 需

要克服一般街邊咖啡店沒有的障礙, 包含不能
接水、不能用火、因為咖啡機電壓較高, 所以
也要重新牽線, 也要特別注意大樓是否有新的
規範, 這些都讓咖啡任務的難度更加提升。
但咖啡任務做到現在, 儼然已是一間品牌明確
有特色的咖啡店, 靠的是Nini跟合作夥伴小熊
做了許多功課、了解市場、研發特色餐飲, 在
商辦的36樓高層裡, 擁有極佳的美景, 不用上
山就能眺望台中市區, cp值極高的特色咖啡,
可愛極具特色的菜單描述, 讓人捨不得喝掉的
拉花雕花、獨特的荷蘭金鍋鬆餅, 在這間店裡
每個細節都能讓人細細琢磨, 行銷上的包裝都
有統一主題, 讓所有來到店裡的人都不自覺沉
浸在這樣的氛圍與環境中, 也吸引許多部落客
主動分享, 慢慢越來越多人喜歡上這個低調中

1-2.認真執行任務的咖啡探員、用心雕出的拉花圖案、特色拉花 4-5. 6樓高的美麗風景、招牌原點金鍋鬆餅、統一的主題形象 6.店內一隅，從進門前的視覺就充滿驚嘆

帶點神祕和紳士質感的任務基地。樓高的美麗風景、招牌原點金鍋鬆餅、統一的主題形象，雖然咖啡任務有這麼多亮點和困難的時期，但不曾降低商品的品質，Nini回憶有位客人陪伴年邁生病的母親跑遍北中南的咖啡店，來到咖啡任務非常的喜歡，過了一年以後再訪咖啡任務時老母親已經因病離開了，但他仍能從同樣味道的咖啡，思念起母親的身影，感受到母親還在身邊，這也讓Nini感到溫暖與驕傲，即便是第一年經營相對困難的時候或是非常忙碌的時候，她也都堅持要讓第一年來的顧客和三、五年後來的客人喝到一樣的口味。

## 不藏私，
## 除了是老闆也是最好的導師

NIni和員工之間的關係也像是朋友一樣，直接豪爽的個性讓她和夥伴們都有良好的互動，咖啡任務的員工流動率不高，有足夠的穩定度，是因為Nini對員工的照顧和不藏私，不介意從零開始培訓新人，即便沒有相關背景，Nini都願意把自己的經驗和想法分享給員工們知道，提到未來展店時也不吝於讓員工接棒，甚至如果夥伴要出去做自己的品牌她也很開心，創業過來人的身分讓她更願意提供有建設性的意見去澆灌使他們成長，不怕員工有成就後和咖啡任務競爭，認為正因為有對手才能讓彼此都更強大。

Nini清晰自己的目標，也是個很有效率的人，提到如果要做咖啡店，一定要找出自己的特色在哪裡，是餐點、環境、還是商業模式？至少要有一樣可以讓顧客眼睛為之一亮，能夠在人們心中留下印記，而未來的咖啡任務，也已經有規劃好，二店也已經在五權西路新開幕，有更多不同的餐飲選擇，咖啡任務未來將會有三種不同的面貌在市場中展現，其一，保留與初始店相同為白領提供低價高品質的咖啡、其二，創造更有特色和高質感的網美網紅店、其三，和連鎖品牌相同的市場滲透性，當然這三種不同定位中唯一不會變的，就是維持高品質的餐點和飲品，讓顧客感受到cp值極高的好咖啡。

# #B  商業模式圖 BMC

## 重要合作

- 麵包廠商
- 商業空間設計
- 行銷包裝

## 關鍵服務

- 咖啡飲品
- 餐點販售

## 核心資源

- 飲品調配技術
- 特色企劃發想

## 價值主張

- 低價位高品質的
  產品服務

## 顧客關係

- 個人直接協助

## 渠道通路

- 臉書社群
- 口碑行銷
  部落客

## 客戶群體

- 白領階級
- 網美
- 喜歡拍照的人

## 成本結構

食品原料、水電房租、人力成本

## 收益來源

販售商品收入

# #C | 創業 TIP
筆記 ✍

- 找到自己的亮點, 放大優勢, 運用行銷工具, 並帶來外部效應
- 找到市場定位, 過程調整, 針對目標客群做行銷
- _____
- _____
- _____
- _____
- _____
- _____
- _____
- _____
- _____
- _____

# #D | 影音專訪 LIVE 📹

# #A

WAGO 到府按摩

松足苑
足體養生會館
放鬆疼愛自己の好所在

黃祈偉, 松足苑足體養生會館(WAGO到府按摩)負責人。在老婆懷孕過程中發現市場對按摩的需求, 然而按摩市場百家爭鳴, 該怎麼從競爭激烈的產業中脫穎而出呢?黃祈偉決定以「到府服務」切入, 翻轉以往顧客親自前去中心、會館的消費習慣, 改由按摩師主動出擊;松足苑足體養生會館物美價廉又便利的服務很快地擄獲顧客的芳心, 隨年累積起人盡皆知的好口碑, 如今已是大台中地區首屈一指的按摩機構。

1.松足苑入口照片 2.松足苑養生館店內環境 3.WAGO服務團隊合影

## 體貼老婆而誕生的IDEA

創業家是問題的解決者, 觀測到人們困擾的問題, 創造出相對應的價值, 對這個世界總是有更多的一份體貼, WAGO的負責人黃祈偉也不外乎如此, 細膩可靠親切感十足的形象讓周圍的人稱呼他為偉哥, 而他也確實是生活中細膩的觀察者。

偉哥的老婆懷胎十個月的時候, 雙腳水腫嚴重, 腰痠背痛常常無法入眠, 而小孩出生後, 她也因為長期抱著小孩, 導致肩頸僵硬, 這段期間雖然很需要好好放鬆休息, 但由於沒辦法出門, 只能等著偉哥在下班回家後替老婆按摩, 紓解不適。

這讓偉哥同理推斷, 許多媽媽們一定也有相同的困境, 沒辦法離開家裡, 但需要好好放鬆, 偉哥進一步思考還有哪些族群也有類似的需求, 行動不便的長輩、出門在外累了一整天的上班族, 或是懶人一族, 也可能需要這種單純, 卻能感受幸福的服務。

在WAGO品牌建立之前, 偉哥已有經營松足苑養生館兩年左右的經驗, 營運過程發現師傅們一天約有10-12個小時會被綁在店裡, 不自由之外, 也不一定能夠有穩定收入, 因此也希望能夠協助到擁有一技之長的師傅們有更好的選擇。善於觀察的偉哥發現到這些問題, 秉持著對家人和身邊人的愛, WAGO到府按摩服務就從台中誕生了。

## 還在外出按摩？
## 不，在家等就好！

「WAGO」聽起來像是「台語的我, 加上英文的GO」, logo上也有一個可愛的小鈴鐺, 意味著可以在家等著門鈴響起「叮咚」聲, 不需出門就能享受服務, 偉哥希望透過這個產業, 改變台灣人在按摩上的消費習慣。

台灣還沒有類似的商業模式, 因此也沒有前人的道路可以參考, 一開始要克服的事情很多, 包含因為需要直接到顧客家中服務, 人身安全以及情色糾紛的問題都要特別注重, WAGO的師傅也都需有良民證才能上工, 到客戶家裡和離開的時間點, 都要回報給公司, 用人工篩選的方式作預約, 一定要了解客戶的狀態都沒有疑慮, 而且僅能指定同性師傅服務, 將風險降到最低。道具方面, 一般人家中沒有按摩床, 因此也特地去尋找可以摺疊, 到機車大小都能夠載的指壓床或是行動趴趴墊, 讓師傅們可以帶著走也不會有太大的負擔, 按摩工具也都會每次確實消毒, 確保乾淨無疑。

一開始在尋找師傅合作的時候, 有養生館的師

1-3.WAGO團隊和客戶們合照　4-5.帶著工具和指壓床正要出發到客戶家中的師傅
6-8.到府按摩機動性極高，可以在任何地方服務，按摩中的師傅

傅、和開個人工作室的師傅，偉哥發現大部分的按摩師傅有很好的技術，卻沒有行銷自己的管道或是成天綁在店裡時間太長，接單時還要被抽成，因此WAGO也協助接洽更多的客源、甚至如果沒有相關背景，也提供技術、開發行銷傳授給想學習的人，創立到現今半年左右，團隊中已經有10人，還會慢慢持續增加，並且開放加盟創業。

想起做WAGO的過程，有蠻多感人的故事存留在偉哥心中，曾有一位女兒，因為在外地工作少有時間待在家中，母親一直以來喜歡按摩放鬆，但家中附近又沒有什麼按摩店，在瞭解WAGO這個品牌後，默默為母親預約，老一輩的人總是不捨得花這樣的錢，但女兒的孝心和WAGO的專業讓母親很滿意且感動，也曾經有老婆體恤老公辛勞的工作，偷偷幫老公安排了按摩，可以在下班之後放鬆，許許多多的故事，讓偉哥感受到用行動去表示愛，是很棒的一種精神傳遞，也讓他更認同，這是可以持續帶給大家幸福感的事業。

偉哥說按摩是一個可以回饋家人和朋友的事情，而且這項技術可以走長長久久，技術會越按越精，隨著累積能夠更專業，而不會被時間磨滅，而WAGO的服務項目是每個人都能輕鬆享受的指壓油壓，有一技在手，團隊也擁有很高度的彈性，因為是接案性質的模式，沒有案件的空檔，能讓團隊夥伴自由安排時間，把效益最大化，並且解決師傅長時間被店面綁住的問題。

## 細膩觀察世界，
## 把體貼與用心放進事業

在建立品牌和團隊的時候，偉哥常常鼓勵分享他的理念，正因為是進到客戶家中，能夠被看見的就是專業和態度，每一次的服務都盡量讓顧客感到物超所值，並且讓他們感受到體貼和用心，就是WAGO每一次要給客戶美好的呈現。

偉哥也是在一步一腳印創業的過程，敏銳觀察市場，隨時調整狀態，他分享看待市場就像是一個缸，大規模的店面就像是鵝卵石，放進缸子裡，雖然看似不能再放更多，但還能放的下小石頭，小石頭就如同小型店面，在按摩的市場中WAGO的滲透性就如同沙子、水，即便缸裡擺滿了石頭，偉哥仍能夠看到別人看不到的角度，還能夠在市場找到缺口與需求。

未來也期望這個品牌成為到府按摩界中唯一品牌，只要一想到「到府按摩」，就能夠想到WAGO，並且將團隊拓展到全台灣，除了第一線的技術人員，他們也希望連行政、客服都能做到更加完善，讓顧客能夠安心並感受到優質的服務，希望能帶給顧客強大的信任感。

# #B  商業模式圖 BMC

 **重要合作**

- 按摩器具廠商
- 特約師傅

**關鍵服務**

- 全身指壓
- 刮痧
- 精油推拿

 **核心資源**

- 軟體技術
- 硬體設備

 **價值主張**

- 透過到府按摩提供不方便出門或不想出門的人享受到專業養生館的服務

 **顧客關係**

- 主動尋找預約

**渠道通路**

- 社群
- 旅店平台

 **客戶群體**

- 工作繁忙，肩頸腰痠背痛
- 新手媽媽帶小孩但無法出門
- 行動不便者
- 不想出門又想放鬆的人

**成本結構**

按摩器具、消毒用具、空間租借、時間

**收益來源**

按件計酬

# #C | 創業 TIP
筆記

- 找到現在的市場缺口，就能找到自己的市場定位，以及創業切入口
- 加強風險控管，了解顧客需求和顧慮，建立品牌信任感

- _____
- _____
- _____
- _____
- _____
- _____
- _____
- _____
- _____
- _____
- _____

# #D | 影音專訪 LIVE

**WAGO到府按摩**
**台中最平價的到府按摩**

• LIVE ▶

0910-902966  https://lihi1.cc/fcFLr

台中市大雅區雅潭路四段710號

fb.com/wego0116/

# #A

格斯曼有限公司

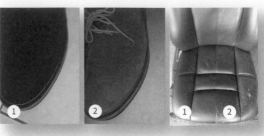

1.修復前 2.修復後
製品修復，視覺、嗅覺、觸感、皮革紋路都要做到完美

環保染料可用於養殖觀賞魚

沙發、名牌包、汽車椅、飛機椅,你有想過這些皮製品舊了、褪色了,要怎麼處理嗎?從小就特立獨行的格斯曼有限公司負責人唐嘉煌先生,有獨到尖銳的眼光,第一次在上海法蘭克福展看見特殊的關鍵材料,就像是命中註定的相遇,格斯曼有限公司負責人唐嘉煌先生認為找到了一樣全新的商品可以開發出全新的事業,在他的認知中,要做就要做到最好,要不斷創新求變,成為市場唯一。

唐先生認識材料到發想,認知到材料可以應用在皮革修復上,獨有的思維和對商機的敏銳,讓他發現市場商機,但他發現現有的技術無法運用如此好的材料,於是自主去學習關於皮革修復的技術,唐先生說這是一個關鍵材料與關鍵技術兩者缺一不可,只擁有其中一項都無法呈現良好的效果。

## 獨家代理,進口優質材料

過去的皮革修復多是使用皮革漆,而格斯曼有限公司拿的是德國進口材料,天然無毒甚至可食用,因此沒有刺鼻味、不具易燃性且天然,這些特點成為市場上的一大賣點,他們修復產品的範疇從包包、皮鞋、跑車座椅、高級沙發、到私人飛機,有些是易燃性物質無法進入的場所,有一些是密閉空間,特別在意味道的修復工作,對格斯曼來說就是展現優勢的好機會。

綜合技術層面,他們能完美重現原皮革質感、紋路、柔軟度、味道、顏色、觸感、還原完整度除了肉眼看不出差異外,連嗅覺與觸覺都處理得超精細,他們修復的物品一般是稀缺材料,稀少就造成高價值,他們曾經修復一張一千多萬的胎牛皮座椅,要修復到完美無缺真的是一門功夫,而做工細心程度也是業界數一數二,連包包上的縫線都能原縫線保留完美呈現,不會染到任何其他雜色。

唐先生提到,他們也不是一開始就能做到完美,一開始也曾差點把別人的跑車車門做壞,那時候真的很緊張,但也只能細心的、耐心的補救,好險最後車門還是有修復成功,但那時真的捏了一把冷汗,因為做的是獨特性極高的服務,客戶修復的物品多為高單價、限量獨有的,客戶十分愛惜也特別珍貴,做壞了可不是開玩笑的,賠償動輒六七位數跑不掉,甚至更高的價值的商品都曾碰過。

## 這是新創必經過程,也是成功必經的過程。

事業剛開始的時候,唐先生僅帶著一只皮箱就去挑戰天下各路豪傑,那時候沒有公司,孤身一人的他不斷去做業務開發,把自己認為最好的產品推廣出去,他大量約見客戶,主動出擊,提案博取客戶對新創產品的信任,而這條路就讓唐先生一步一腳踏實的給走出來,從開發業務接到第一個單到現今,零到一的步伐,都是紮實的努力,累積的經驗也讓他越來越茁壯。

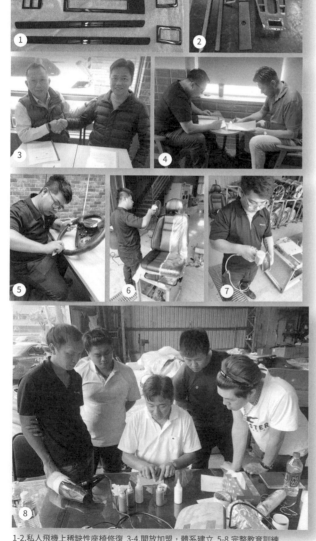

1-2.私人飛機上稀缺性座椅修復 3-4.開放加盟，體系建立 5-8.完整教育訓練

「市場商機很大，但是市場不會來找你。」唐先生一直都是主動積極開創自己的事業，最開始開發陌生市場，得提供完整的簡報，材料的來龍去脈，可以做到什麼程度，精細度如何，過程怎麼處理，要講到很詳實，客戶才願意讓他姑且一試，每一次嘗試都是機會，讓別人看見產品實力，因為太超前，如何讓別人信任就是一門功課，而唐先生從來沒有過放棄的念頭，雖然過程中有很多人會質疑，但他知道他一定會成功，只要堅持，成功只是時間遲早的問題。他提到一開始真的沒有人會願意陪你吃苦耐勞，他們看不見願景，大多數的朋友都不支持也不看好，家人也一直沒搞懂兒子在做什麼，前期投入資金又大，只能一個人努力。唐老闆過去累積的社會歷練讓他越挫越勇，從業務出身到創業，練習不怕被人拒絕的勇氣，唐先生說業務推廣的過程會被打槍、潑冷水、不被信任都是正常的，也都是必經的過程。接的案量慢慢多了，唐先生也決定要開公司，一方面是代理權的註冊考量，另外是這項服務太新穎，若是沒有公司行號，不容易讓客戶信任從未接觸過的服務，而從一人工作室到公司，到現在因為慢慢有人了解、過程體驗到這東西的市場獨特性及獨一無二，慢慢也吸引到一些同樣有想法或是機會敏銳度高的夥伴投入加盟，其中也不乏從客戶轉變成加盟主，

還有許多年輕人，除了提供價值外，唐先生也希望讓更多加盟主都能一起賺到錢，創造了許多新的就業機會。

## 付出代價才會拼盡全力收穫

對唐先生而言努力與堅持是必須的，另外踏實的做到每個目標也是很重要的，他看過許多人創業不是自己投資，不管是錢還是時間、精神力，如果沒有付出就不會有收穫，如果沒有代價就不會痛，他提到如果不自己拿錢出來，通常容易三分鐘熱度，而這樣絕對不可能做的起來。除了投入心力之外，創業了解市場很重要，如果決定要做一件事情，就一定要先做市場調查，了解想做的產業現況，大量和人交流，和人交流後如果大部分的人都跟說可行，那就要小心，最好是不要做，相反的如果想做的事，大部分人都說不可行，那可能就是機會了，唐先生說要做，就要做別人沒做過的事。正因為唐先生不怕失敗、不斷嘗試還有創新求變的特質，才能讓格斯曼在不做行銷和社群的情況下，就從一人工作室到現在做到團隊加盟，接到私人飛機的大案子，而未來他還希望做到跨國企業，目前亞洲區也僅有格斯曼做到私人飛機與加盟自主訓練，種種成績皆讓人期待看到這個產業未來的成長性。

# #B | 商業模式圖 BMC

## 重要合作

- 德國材料廠商

## 關鍵服務

- 修復皮革

## 核心資源

- 材料獨家代理
- 關鍵技術掌握

## 價值主張

- 協助顧客修復獨一無二皮革製品到原始樣貌

## 顧客關係

- 客戶有需求主動詢問

## 渠道通路

- 業務推廣

## 客戶群體

- 皮革修復需求的人
- 高端客戶群
- 名牌包鞋擁有者

## 成本結構

進口材料成本

## 收益來源

接案收入、加盟

# #C 創業 TIP 筆記 ✍

- 掌握關鍵技術與關鍵材料，成為市場唯一
- 創業必經過程，被拒絕、不被認同，要堅持並且積極主動

- _____
- _____
- _____
- _____
- _____
- _____
- _____
- _____
- _____
- _____

# #D 影音專訪 LIVE 📹

格斯曼有限公司

0921-086250

台北市中正區北平東路30之2號4樓

格斯曼台灣 - fb.com/GESMANN1

## 遠築國際室內裝修

ENJOY I DESIGN

1.築辦公空間一偶 2.公共空間，以木質帶出溫暖舒適放鬆的感受 3.美草榻榻米安裝案例-茶室一偶 4.美草榻榻米安裝案例-遠築展間 5.美草榻榻米安裝案例-遠築展間之光影變化

遠築國際室內裝修有限公司的設計總監洪素湘，一直以來都在室內設計的領域發揮自己的專長，十分熱愛室內設計產業，資歷已將近20年的她，未來也會持續在這個領域服務與挑戰。素湘年幼時家的型態是獨棟透天，因父親是土木業工頭，她回憶國小五六年級時，有次父親帶著她從清水進到台中市區，經過正在興建的國宅時，大樓一格一格類似鳥籠般的建築外觀讓她印象特別深刻及有所感觸，從那時起對於屋宅的想像，就一直很有想法，爾後在成長的路程上對生活美感的關注讓她更確信自己喜歡建築與室內設計。

### 勇敢為自己出走，挑戰自己的極限

素湘大學就讀空間設計系，畢業後在建築師事務所歷練，起初五年的時間她努力學習和累積自己的經驗，在設計產業打好基礎，和實務接軌，當時20出頭的她工作場合周遭多是和40幾歲資深且各自有專長的人配合，跟各個不同領域資深的前輩們學習時，也讓她磨練各方面的能力。到大陸發展，是素湘不為自己設限的人格特質所致。當時公司在大陸有建設及設計規劃案件需求，而她是唯一一個被外派的女室內設計師，派駐海外的人員除了需要適應當地不同的工作思維及模式外，因資源有限，也得學習獨立一人整合許多接踵而來的工作。

經過設計事務所嚴謹的做事風格，加上在大陸蘇州、上海一帶磨練，素湘決定給自己創業的挑戰，在專案設計過程中，她被蘇州當地頗具規模的裝修公司青睞，後續直接向她邀稿。當時接了一件政府工程案的設計競圖，獲得了領導的首肯。也因這次的專案後有了長期配合，自此素湘一個人待在大陸打拼，在蘇州、上海開始以設計工作室名義接設計案，透過許多貴人以及當地人脈的幫助，參與過不少公家機關的案子，也透過一些台灣台商組織聚會，累積了不少人脈。在大陸待滿快五年的時間，素湘認識了自己的丈夫，夫妻兩人剛結婚時還猶豫是否應該回台發展。在大兒子一歲時也仍因案子的關係大陸台灣兩邊跑，來來去去，直到老二出生，考量到孩子生長的大環境、教育體系、健康醫療的相關資源等等，加上年邁的婆婆習慣住在台灣，才真正決定回台灣開業。

### 歸零學習，
### 每一段人生旅途都有新收穫

當時素湘再一次感受到從零開始的辛苦，每一個五年就轉換一次環境，這讓她需要重新適應與學習，室內設計這個行業帶來許多樂趣，但也同時是挑戰，建構一個案件可能涉及超過30幾個工種，拆除、泥作、水電、木作、門窗、金屬...等等，需集結整合不同的項目於一體，而業主們也會因為自己的體驗和生活變化，不斷變動想法，溝通和整合是她經常扮演的角色。案場施工執行的時

1.設計總監洪素湘獲獎攝影 2.2019 HONG KONG DESIGN AWARDS參賽獲獎
3-7.美國Spark Design Awards星火國際設計獎，得獎作品

候，也會遇到預定之外的事，例如天候關係導致進度延宕、拆除後原有結構體的不穩固、巷弄內的工作場地限制、敦親睦鄰…等。雖然身體勞累卻從沒想過放棄，因為室內設計是素湘熱情所在，每一個不同案子，面對的挑戰也都不一樣。人生的旅程就像搭火車，每一段旅程都有不同的風景，每個業主如同　本書，在這旅途中、她不斷地閱讀，每本書都帶給她不同的視野與滋養，每次的相遇都有著不同的歷練與感受。

遠築國際室內裝修在接案的類型上從不設限，在商業空間、旅館、辦公室、動物醫院、住宅空間，都有涉及。遠築國際室內裝修也執行過各類不同風格與面向的案件。他們期待能與業主共同把心中的夢想建構出來，每一次的案件不論過程是陰是晴，完工時都會讓素湘感到欣慰，因為能參與業主們在建設人生中重要的一段過程，著實難能可貴。業主的支持與肯定，也是讓遠築有持續邁進的重要動力。遠築國際室內裝修會在業主決定委託前，先瞭解業主對案件執行出來的期待值，一個案件的促成都是由很多因素集結、取得平衡而來的。若業主的預算與期待不相符，素湘就會與業主溝通，是否應通盤檢討重新定位，使案件在各方面取得平衡。素湘認為設計服務上可以物超所值，但在施工層面就是一分錢一分貨，物有所值。如同「遠築」一詞，未來素湘期待有機會可以做到海外國家的案子，或是沒有預算天花板的業主，這讓設計師們更有無限的空間可發揮。

## 二十幾年經驗集大成，為求共榮共好

在室內設計領域中，素湘以近二十年的經驗跟要找設計師的業主們分享，如果有案件要尋找設計單位時，無須上網做盡功課，用自己習慣的、可以認同的方式去評選，前期可以多比較不同的設計單位，並且多溝通。透過一次兩次的溝通，確認自己是否與對方契合？並且問問自己接下來的幾個月或幾年，案件執行上如遇困難，能否與對方合作？

無論最後選擇哪個設計單位，建議應本著當時信任對方的態度前進，這樣才能達成雙方都想要的成果。因為當質疑對方的同時，也是對自己當初的選擇存疑。素湘也建議每一個想從事室內設計、正在從事室內設計的人，室內設計並不只是坐在電腦桌前畫畫圖，跑跑工地讓工程執行完畢而已。人的生活會帶來感受，例如生活中有張羅晚飯的體驗，就知道廚房物品放哪裡才能讓工作流程順暢，哪些不便可以透過設計合理安排後得到改善。學習每時每刻用心把自己的生活過好，多站在不同立場去思維，傾聽別人的聲音，設計就不會做的太差。每當在執行一個案子時，素湘認為工作上的夥伴或是業主，團隊中的每一成員都是一個共同體，傾聽與溝通都是很重要。當有人正在被某些事物糾結時，素湘認為解決他人的問題也是解決自己的問題，永遠都多做一點，協助團隊每位成員在好的狀態，就能夠為案子盡心盡力，共好共榮是遠築國際室內裝修的品牌想傳遞的信念。

**#B** 商業模式圖 BMC

 **重要合作**  **關鍵服務**

- 工程工班
- 物料廠商
- 建材廠商

- 商業空間
- 旅館產業
- 醫院
- 辦公空間

 **核心資源**

- 室內設計專業
- 榻榻米經銷

 **價值主張**

- 重視團隊合作，重視與業主客戶的溝通，滿足業主需求

 **顧客關係**

- 共同創造
- 合作關係

**渠道通路**

- 官網
- 臉書專頁

 **客戶群體**

- 新婚夫妻
- 實體店面創業者

**成本結構**

外包工程成本、人力時間成本

**收益來源**

案件收益

# #C | 創業 TIP 筆記 ✎

- 做出物超所值的服務，貨真價實的工程
- 不設限自己的可能性，累積創業實力

- _____
- _____
- _____
- _____
- _____
- _____
- _____
- _____
- _____
- _____
- _____

# #D | 影音專訪 LIVE

遠築國際室內裝修有限公司

04-2463 6996

enjoyidesign.com/

台中市西屯區福雅路55號

# #A

## 創果教育諮詢

**CRESULT**
創果教育諮詢有限公司

CRESULT是雷立揚老師創造的複合詞，意思是「創造結果」

這是創果教育諮詢團隊，所有的思維不管從哪一個面向出

發，都會匯集回到幫助人們創造結果，這個核心的理念。

1.雷立揚老師和創果教育諮詢團隊
2.創果業務課程學員合影

## 每個人的人生價值不同，
## 但人人都能創造結果

立揚老師的觀念中，每個人都應該去創造屬於自己想要的結果，他相信每個人的成功都由自己定義，人的性格、觀念、特質都不同，想要的未來和喜歡的生活型態都不同，不是每個人都想要年收破百萬、開跑車，也許有的人就是想當上班族，但他可能更在乎家庭關係，所以創果除了創業、人脈、也有人際相關的課程、目前也正在籌備情感相關課程。

社會環境非常重要，我們不能要求每個人達到同樣基準。任何人都值得被尊重，當常常看見有些人很努力，卻只因為起始條件沒那麼好，而無法創造結果的時候，會很令人難受，如果環境一直這麼糟，身邊的所有人都無法創造結果，這就是一個需要被改變的環境，他相信每個人的人生價值不同，但人人都有權利創造結果。

這也是為什麼，創果教育諮詢裡所有的課程和概念都綁訂在教練學，教練所作的事情並非命令或給予意見，不會把價值觀套用在別人身上，而是可以客觀的，透過直擊紅心的提問引起雙方共鳴，讓人們察覺自己的狀態，進而調整跟修正，教練是和學員是創造結果的夥伴。立揚老師於考取績效教練證照的過程中曾和教練學權威Barbara Fagan深度對談執行模式和理念，結果獲得Barbara Fagan大力支持及肯定。對教練學的深度理解，讓他能夠把其核心概念運用到創果教育諮詢上。

## 不怕辛苦，但求人生無憾

母親從事保險業，從小接收到「意外和明天，不知道哪一個會先到」奠定他珍惜每一刻鐘的習慣，早熟的立揚老師在大家還懵懂無知的年齡，立揚老師就開始思考，人為什麼要活著？高中大家都在奮力讀書想考個好的學校時，他想的是，如果沒做到甚麼事情，我會一輩子遺憾？大學時期的立揚老師已經開始嘗試他的微型創業，為他的夢想跨出第一步。

雖然立揚老師說大學的創業成果都不怎麼樣，但從那時開始的累積，讓他未來每一個創業都有更強的基石，日後在漫長的人生道路上不斷追尋，不浪費生命，只為了在閉上眼那一刻沒有任何的遺憾。

決定要創業時，家人也曾極力反對，整個家族中沒有人做過生意，因此從商在家庭裡是全新的概念，雖然很想支持但不成功的機率100%，認為還是先去上班穩定，先去歷練幾年再談創業。但創業家那一身反骨精神哪擋的住？他開始一步步創造了無數個產業，家人也從原本的反對、參與成為學員、到現在已經是全力的支持每一個決定。

1.分享中的立揚老師　2-5.立揚老師座無虛席百人講座

## 為他人創造價值的信念，
## 僅靠口碑行銷帶來絡繹不絕的學員

創果的成立其實是走走停停，這間公司已申請三年，以前都是老師不斷的分享，從3、5個人到幾十人幾百人的場，中間也曾經停業，但真正開始以公司化的方式運行，組建現在的合作夥伴們是最近三個月的事情立揚老師回憶，曾有一位職業軍人，第一次聽完講座後把整個連上的長官帶來聽，而這位軍人現在也是合作夥伴之一，也有些朋友是醫療體系的人員，把整個醫院裡的護理師、醫生都帶到講座。目前為止創果還未下過任何的廣告費用，單單憑著人與人之間的口耳相傳、分享真正有價值的內容，就讓參與者絡繹不絕，藉著口碑行銷運作，讓所有聽過的人都願意推薦他人參與。如果未來所有人都能創造結果那就是創果該倒的時候，立揚老師舉例，不會有一家公司教導人們記得呼吸。重點不在於上了多少課，而是花多一點時間了解自己真心想要的是甚麼，如果可以就用自己的方法去嘗試看看，如果需要，創果會用盡所有的資源協助，創果想要做的是顛覆傳統，要打造全新的教育

訓練，即便市場現階段沒辦法完全免費，但不會為了銷售而銷售，立揚老師希望聽講座的人們能夠真的收穫到紮實的概念回去練習，並非為了銷售下一段課程，而是讓來到創果的人只要願意都可以「創造結果」。而關於創業，立揚老師提到創業是辛苦的，就算已經很擅長處理事情，但有些基本概念是不變的，必須要認真修練，不能隨心所欲，得放下情緒去做對的事情。看起來自由，背後其實是精細的時間管理、永遠掛著的黑眼圈換來的。學會凝聚共識、溝通，要耗費很大能量跟同理心創業是戰爭，一定有滿滿的挫折跟挑戰，但這都證實你是否真的有價值在市場上存在。

動機如果足夠強烈，知道自己為何而戰，就會強大到不願放棄。只要真心想做，任何困難都能夠解決，成功的人總是正視自己且願意接受回饋，藉此來得到問題解答，即便你想要的不是創業，你都能成為你想要的自己。

# #B │ 商業模式圖 BMC

## 重要合作

**集團資源**
創贏勞基法律公司
創富財務顧問公司
創印品牌行銷

**合作公司**
海彙企管顧問
豆子金商學院
志旅教練指引

**異業結盟**
老包網路行銷

## 關鍵服務

**行銷八大學院**
人脈、業務、領導、教練
勞基、金融、創業

**四大服務**
講座、課程、指引、諮詢

## 核心資源

- 業務培訓資源
- 國際績效教練能量
- 同理共鳴的演講風格
- 多元的創造結果元素
- 集團化的能量統合

## 價值主張

- 透過定位的分類
  釐清個人方向

- 講座的心態觀念
  提供足夠資訊

- 課程的實際操作
  確保創造結果

- 完善的教練指引
  持續跟進追蹤

## 顧客關係

- 網路平台的資訊互動
- 會員制的專屬服務
- 站在個人目標的立場互動
- 人本信念的銷售模組

## 渠道通路

- 網路廣告
- 人脈轉介
- 曝光活動

## 客戶群體

- 社會新鮮人
- 職場工作者
- 業務銷售員
- 組織領導者
- 創業企業家

## 成本結構

**資金**：場地、人力、講師費、廣告預算

**能量**：溝通、思考、應變、成長

## 收益來源

- 講座課程獲利
- 線上課程利潤
- 教練指引收益

# #C | 創業 TIP 筆記 ✎

- 堅持品質，把產品做到最好，並符合市場需求
- 加強CP值，給予顧客物超所值的體驗
- 
- 
- 
- 
- 
- 
- 
- 
- 
- 
- 

# #D | 影音專訪 LIVE

創果教育諮詢有限公司

0911-31695

fb.com/Cresult52680746/

# 亞太青年領袖

活動剪影

學生時期就熱衷於參加活動，出社會到整合行銷公司在協助辦理許多學生活動，亞太青年領袖協會理事長馬崇晏，馬哥提到人是群體動物，學生活動帶有許多體驗和成長，在人生發展上是不可忽視的影響力。這些是他在人生的歷練的過程，越來越釐清的脈絡，也因此他創辦了亞太青年領袖協會，且期待能夠培養一萬個學生青年領袖。

## 親身走過的故事，譜寫未來的篇章

理事長馬哥在學生時期就是一位活躍的人物，高中社團一直到大學、系學會等等，從小到大他參與不少學生社團，也認識到相當多的朋友，不同學校的人、同校不同系的人，過程中也透過與人相處有大量學習，過程中馬哥並沒有特別發現自己在累積一些軟實力，一直到出社會以後，他才發現這些對他的人生有多大的影響。

馬哥過去認為比起許多企業家的大案子，做學生活動其實並不特別，直到有機會出國見識，到新加坡、馬來西亞與當地人交流，再加上許多課程，他才改變思維，瞭解到青年人對於一個國家的未來其實相當重要，有了這層認知，他認為自己挖到了珍寶。在學生時期

培養的能力，都能夠在未來有所發揮，這時馬哥也感受到自己做為組織學生活動的人，除了有趣也能為社會帶來貢獻，回過頭來他為自己人生總結，才發現自己的許多成果和成就皆是來自青年時期培養的能力，他開始有了貢獻和分享的想法。組織亞太青年領袖協會，協助青年擁有正確的價值觀，人格發展，培育人脈，瞭解領袖能力，接觸的面向相當廣，能夠辦理的活動也相當多元。大學時期是人們開始有自主權與自我想法的時期，因此馬哥最先以大學生為聚焦目標，計劃將這些好的理念思維傳達給大學生，未來他們會成為社會的中流砥柱，影響到整個社會。實際上，透過各種領域和活動都能轉換成領導和培育的課程計劃，馬哥認

活動剪影

為領導並非要多有能力多了不起，而是需要有正確的價值觀和明確的目標，每個人都是自己的領導者，並非一定要創業或是做生意才是領導，而是做自己認為對的事情，都能在自己的產業或是交友圈中成為領導。

活動剪影

## 信念相同而結合的堅強團隊

做非營利組織的困難就在於無法營利，必須要公益或是捐贈的收入，因此在經費方面相對缺乏，很多時候馬哥都自掏腰包捐贈，而在活動設計上又要有價值，因此需要集思廣益。目前的活動計劃是團隊成員輪流做總召發起自己喜歡或是專業取向的活動再由其他成員加上想法完善活動設計，每個人都能發表意見，再來分工合作。

這些在亞太青年領袖協會中的團隊成員，約20人上下，他們來自於各個學校的營訓總召，配合過許多活動，大家有共同的理念和目標，認同學生活動能夠對人生及社會進步更有意義，因此慢慢有更多團隊成員加入，能夠辦理的活動也十分精彩，而他們期待所有的學習都在做中獲得，重視活動氛圍、活動意義，也期許活動能帶來溫暖的感受。

學生活動會讓參與者認識到許多人，通常這些人到出社會都還容易有聯繫，這也是在培養公關能力，而公關能力是未來社會不可或缺的能力之一。在亞太青年領袖協會不只會學到單一技能，同時也會習得許多核心能力：領導與被領導、自律、觀察、溝通、表達、不同的視野格局，明辨是非的能力，這些能力不但適用於各產業、對人生也有一定幫助。

活動剪影

## 培育一萬個青年領袖，
## 發揮影響力讓社會更好

做一件事情能夠影響到許多人，馬哥認為很有價值，好的環境可以培養同理心，個人的特質也有所影響，他認為目標很重要，無論多崎嶇他都會往目標前進，培育一萬個青年，無論直接的影響或間接的影響，他都期望能夠帶動社會變得更好，這過程也讓馬哥充實與快樂，能夠種下好的種子，讓善的想法循環，活動中學習認識自己是誰，對領袖有基本認識，能夠感恩回饋，對生命有更多體驗。

亞太青年領袖協會的精神就是用生命影響生命，馬哥認為以身作則很重要，自我勉勵、自我期許。作為教育者就要說到做到，而不是光說不練，讓自己保持真誠，每個人都能成為自己的領袖，每個人都是很好的示範者，越來越多人能夠讓正能量傳遞出去，環境好了就能夠擴散到整個社會。

未來馬哥希望短期目標能穩定協會，系統化、自動化將SOP建立起來，將內部組織架構出來，也透過與大專院校的合作能將信念傳達出去，馬哥期待平台擴大的時候，他能夠站到不同角度去協助協會發展，中期能夠做出品牌，能夠讓政府認同及認證，甚至與之合作，而最終也期望亞太青年領袖協會能成為台灣有影響力的協會之一。

# #B | 商業模式圖 BMC

 **重要合作**

- 大專院校
- 整合行銷公司

 **關鍵服務**

- 學生活動組織架構發想

**核心資源**

- 軟體技術
- 硬體設備

**價值主張**

- 透過學生活動，培養領袖需具備的核心能力，以身作則，用生命影響生命。

**顧客關係**

- 相互學習

**渠道通路**

- 臉書粉專

**客戶群體**

- 喜歡自我成長的人
- 自我探索中的人
- 喜好參與活動的學生群體

**成本結構**

設備、課程教材、場地費用

**收益來源**

募資

# #C | 創業 TIP 筆記 🖋

做真正在乎的事情, 就會有源源不斷的熱情

創造事業上的成就感, 好的循環會讓你更成功

_____

_____

_____

_____

_____

_____

_____

_____

_____

_____

# #D | 影音專訪 LIVE 📹

## 珀予藝術故事館

**珀予藝術**
Fin Art

藝術故事館創辦者，黃珀予老師自幼跟隨著父親，在父親的藝術工作歷程中，一起去瞭解怎麼繪畫路標、廣告、電影看版、壁畫、廟宇、人物畫像等等，父親工作會帶著黃珀予在身邊，從小她和父親的感情濃厚，父親的想法觀念以及工作態度都深深影響她的每一個價值觀。也因為持續受到藝術薰陶，讓黃珀予老師從小建立起對美感的敏銳，隨著時間和學習的推進更加豐盛。

高中學生時期在孕育許多藝術人才的復興商工美工科就讀，在學生時期黃珀予老師充實自己的能力，參與各式各樣的比賽與展覽，自早開始接觸藝術的她展現出驚人的才華，畢業後前往日本就讀大學，吸收了日本當地的美術思維，培養出更開闊的眼界，不同文化的陶冶，讓她在美術領域有了更廣的認知。一路走至今，黃珀予老師在藝術領域上所感受到療癒與平靜，她也將這些感受放進作品中，影響著許多人，出社會投入相關的工作，透過創作的過程展現她豐厚的累積。慢慢的也被許多人青睞，她曾參與過高鐵的建立並與日本團隊進行合作，工作經歷的多元讓她更多的生活體驗和思考，這些都成為她未來創作的能量來源，這些作品和當中的想法，也為黃珀予老師帶來許多成就。

## 生命浪潮中淬煉最好的自己

在學生時期就已感受到經濟的壓力，學習美術的工具和學費都不是簡單可以負擔的起，半工半讀讓自己完成學業。出社會為了照顧年邁生病的父親，也必須不斷忙碌工作，即便工作中與人矛盾，或是委屈難耐都必須承受，為了照顧家中生計必須有收入而害怕失去工作、在不斷追求自己卓越的過程，有過迷惘、低潮，黃珀予老師認為這些生活的衝擊沒辦法避免，但也因此為她淬煉出智慧與最美麗的人生歷練，這些生命歷程也反應在作品，黃珀予老師用自己的作品傳遞「人生會遇到很多衝擊，但我們仍能選擇正向的思維。」

黃珀予老師在創作時總是以內心的情緒和感受，以及將生活中不同的刺激作為靈感，以繪畫的方式呈現，畫風細膩的黃珀予老師，作品擁有療癒人心的能量，黃珀予老師在人生中充滿了許多衝擊，一路上許多貴人協助，她也將壓力與低潮轉換成能量，讓自己前進也傳達給他人。生命中有各式各樣的色彩，黃珀予老師常常將動物作為主題發揮，大自然的環境感覺是舒適的，人相對動物心思較為複雜，人常常忘記在當下也忘記單純的快樂，沒辦法去釐清自己的困境，執著許多難受的事情，黃珀予老師希望觀看她畫作的人能夠放下一些壓在內心沉甸甸的石頭，能感受自在平靜，感受呼吸也能是很輕鬆的，讓更多人可以用畫去互動。

华人楷模·2019杰出女性奖
二零一九年 华人楷模·杰出女性
中国·北京

同根同梦

1.黃琯予老師受邀參加北京春晚節目錄製暨華人頒獎典禮，榮獲
「2019藝術成就獎項」「傑出女性獎項」「2019行業領軍人物」
2-3. IFA國際藝術協會肯定 4.義大利台義國際藝術親善大使獎

1.擔任中華文化大使
2.善於細膩描繪自然，柔和的筆畫，讓黃琯予被稱為療癒系畫家。
3-5.教學中的琯予老師 6.琯予藝術故事館開幕剪綵

## 美好生活，由藝術開始推廣

這些都是她建立藝術故事館的原因，一方面跟隨父親的腳步，她期待透過故事館的模式將美感藝術與其他領域或空間有結合的機會，她認為美的提升並非小眾也不是有錢人的專屬，而是人人都能夠接觸，而且透過提生美感也能讓整個社會文化氛圍更優質。因此藝術故事館致力推廣美學教育，提供藝術交流平台，讓「藝術生活化，生活藝術化」，人人都能融入藝術生活中。

透過藝術故事館讓更多在相同領域的人能發揮自己的專長與空間，在這裡有美術課程常態教學，包含各項美術課程，如水彩、油畫、色鉛筆、蠟筆等多媒材教學，開設幼兒美術啟蒙班、兒童及青年基礎美學技巧班、專業成人美術課程、師資培訓班，美術的教學及傳承，黃琯予老師特別重視藝術流動，如同她敬愛的父親同時也是他啟蒙老師一般，將美的種子種下，甚至照料這些成長的樹苗，讓他們百花綻放。

除了美術課程教學，藝術故事館也規劃籌備國內外藝術品展出策展與申請，黃琯予老師希望能協助國內外的藝術交流，以及推廣藝術家的個人品牌建立及曝光，更多的文化交流外也能讓許多有才華的藝術家被更多人欣賞，除此之外也有藝術文創品開發、及國際與台灣藝文之旅規劃。

1.東京都美術館金賞獎 2.義大利波隆那環球百大名人，台灣之光 3.一面是溫柔期待另一面是完全理智的，心情和規劃永遠都是自己決定！ 4.熱愛畫作的琯予老師

1.琯予藝術故事館開幕式
2.開幕時，各地藝術家共襄盛舉

藝術是寬廣且自由奔放的，更是繽紛彩色愉快的，能療癒以及柔化人心，使人們心中正能量的提昇，黃琯予老師一生投注於藝術，從最一開始從興趣和單純的快樂，到後來藝術成為自己生活的一部分，而現在她更在乎如何去傳遞更多的愛給周圍的人，貢獻她的所能與所學，她也期待這個領域的專家都能夠互相合作，擁有許多大大小小的頭銜和諸多得獎紀錄，黃琯予老師感謝所有人給她的肯定與支持，擁有良善且樂觀態度的她致力分享這些讓更多人感受到生命的美好及藝術能帶來的療癒。

# #B | 商業模式圖 BMC

## 重要合作

- 國內外藝術家

## 關鍵服務

- 美術課程常態教學
- 國內外藝術品展出策展與申請
- 藝術文創品開發
- 國際與台灣藝文之旅規劃

## 核心資源

- 繪畫作品
- 教學經歷

## 價值主張

- 藝術生活化，生活中有藝術

## 顧客關係

- 互相合作
- 技術指導

## 渠道通路

- 官網
- 臉書

## 客戶群體

- 藝術家
- 想學習繪畫者
- 藝術品買賣商

## 成本結構

策展花費、師資、藝術合作

## 收益來源

展覽費用、文創商品買賣、課程收入

# #C 創業 TIP 筆記 ✍

- 專注一件事情，把領域做深與廣泛，讓自己擁有更高價值
- 整合資源是創業重要的能力

# #D 影音專訪 LIVE

珀予藝術故事館

04-2461 5388

台中市西屯區福順路629號

shop1688.co/aom20200331008/#home

# Facebook  BMC （範例）

## 重要合作

- 電視節目
- 影視
- 音樂
- 新聞報導

## 關鍵服務

- 平台開發
- 數據中心運管理

## 核心資源

- 臉書平台
- 科技基礎建設

## 價值主張

- 於交友、學習、發想間建立互聯網並學習表達自我
- 富可觸及性、可關聯性、及社會背景植入

## 顧客關係

- 同邊/跨邊網路效應

## 渠道通路

- 網站、手機應用程式、臉書廣告、粉絲專頁、開發者工具與廣告API

## 客戶群體

- 網路使用者
- 廣告行銷商
- 開發者

## 成本結構

數據中心營運成本、行銷費用、研發費用、管理費用

## 收益來源

免費服務、廣告收益、付費收益

# 我創業，我獨角（練習）

設計用於 ＿＿＿＿＿＿＿＿＿　設計人 ＿＿＿＿＿＿＿　日期 ＿＿＿＿＿＿＿　版本 ＿＿＿＿＿＿＿

| 重要合作 | 關鍵服務 | 價值主張 | 顧客關係 | 客戶群體 |
|---|---|---|---|---|

核心資源

渠道通路

成本結構

收益來源

# Chapter 2

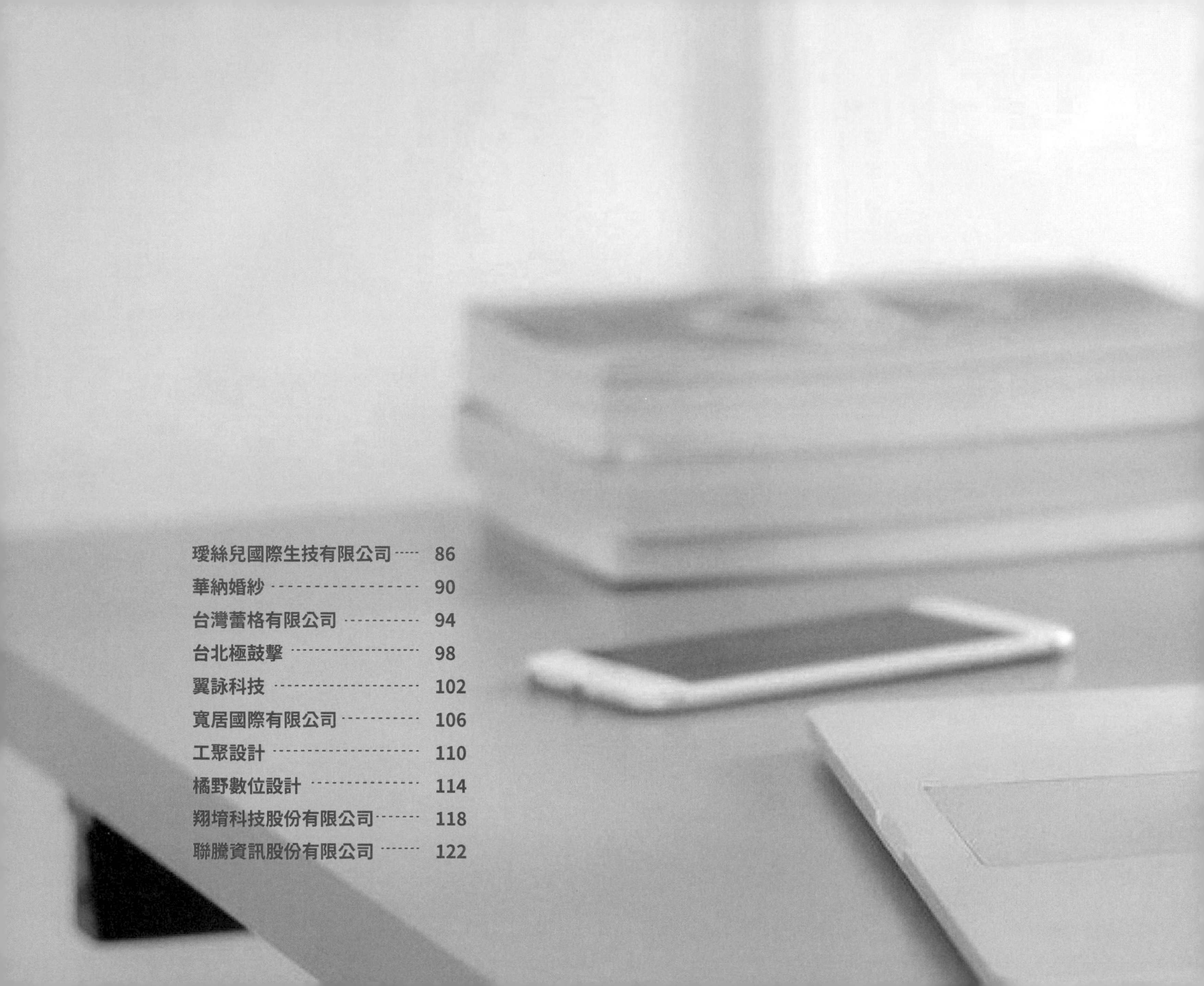

## 瓛絲兒國際生技

瓛絲兒國際生技有限公司
銷售顧問李孟宸Bella

關於保養, ENSWLE希望每一次的保養都是最純淨天然且簡約, 以純晶水分子與嬰兒肌膚為出發點, 研製出獨特且高品質的水合配方保養品, 添加天然草本植物萃取, 不使用任何有害的化學物質, 每項產品也都經過SGS檢測, 以最天然的精華守護你我, 讓每個人在獲得如同嬰兒般彈潤肌膚的同時, 也能避開所有對肌膚有害的物質, 更讓被保護的肌膚如同被愛人深深戀戀的牽絆著。

鑽白雪絨純植露、晶鑽柔漾水面膜、微導極光修護粉凝霜

## 植感保養，比你更愛你，瓛絲兒

ENSWLE的老闆汪立庭Tein因為多年都受敏感膚質的困擾，也因為自己的女兒有相同的肌膚問題，才開創了ENSWLE這個品牌，透過這個保養品，讓自己及身邊的人，肌膚都可以獲得最好的照顧，也因為對市場的敏銳度，看見保養品的市場仍有機會切入，甚至他們眼光不在台灣，有更勃勃的野心。

剛開始創造瓛絲兒，連辦公室都還沒有的時候，非本科系出生的Tein一個人包辦所有的事務，包含瓶器的挑選、原物料的使用、包裝印刷、網路通路架設、產品控管等等……雖然辛苦但也慢慢將這個品牌從零到一的建立起來，到現在有可以一起奮鬥的夥伴們，未來他們也會有越來越多的新產品要提供給大家。

要比你更愛你，瓛絲兒要做到更細緻，呵護你的肌膚，品牌定位設定在專櫃等級的保養，這並非是自不量力，他們的產品由專業的生技學家所研發出來的高效能護膚保養品，他們除了原料天然純淨之外，也希望讓使用的消費者可以擁有更年輕的肌膚光采。

他們目前出產的三款保養品，微導極光修復粉凝霜、鑽白雪絨純植露、晶鑽植萃柔漾水面膜，都具有高滲透力、天然純淨的特質，瓛絲兒認為保養就像是給肌膚的食物，有好的滲透力，才能真正達到凍齡的效果。將分子微小化，提高保養品的滲透性，讓肌膚能完整吸收營養。運用純淨植物草本及天然的水分子特殊製程，造就保養品的最佳修護力。所有生物都該回歸大自然，但可以運用更新的科技及技術來讓大自然的產物化為獨特且豐富的資源。

## 與ENSWLE一起，用無負擔的保養創造生活，一天比一天更愛自己。

基於可以給任何膚質使用的前提，不使用有害的化學物質，不使用人工香精，不使用動物成份，石蠟，變性酒精，羊毛脂及礦物油等。因為肌膚如同嬰兒般柔嫩需要被好好呵護。不僅如此瓛絲兒也為環保盡一份心力，在創造新的商品時，珍惜地球資源，致力於減少對環境的傷害，在未來依然會不斷持續的進行並貢獻。瓛絲兒目前也提供試用包，讓所有人都可以嘗試他們的商品，是否符合自己喜歡的保養質地，感受效用，實際試過他們產品會發現，他們的產品因為有高度的滲透力，擦拭的時候會有絲絨一般的感受，將凝霜在臉上推開，就會變成

1.2020年度代言人Keanna 2.品牌形象廣告 3. 唇采系列
4.璦絲兒賦活光感精粹組 5.品牌形象攝影

像水一般的質感，高度的飽水，但少了黏膩感，簡約清爽也是璦絲兒推崇的時尚生活方式，而他們整合過去的專業知識與現今的新創生技，提供肌膚更具有能量且有效的保養方式。

當然在現今，許多產品添加了甚麼樣的內容物，是不是有害，其實是不容易瞭解的，他們也為了讓消費者用的更安心，對於每一個系列的產品，都嚴格執行貼膚測試，申請SGS檢測，無時無刻都只為了顧客專注高品質的保養呵護，讓消費者在使用產品有足夠的保障。

創業過程也遇到許多新的挑戰，包含找產品代言人他們也沒有太多經驗，因此要從頭學，也虛心請教廣告商，在經過討論和幾次的斡旋考量，最終他們在這過程也更清晰璦絲兒的理念和品牌印象，給顧客天然純淨，簡約中又保有尊貴感受，這也讓他們更多的經驗，了解怎麼處理行銷，開記者會，拍形象廣告等等…這些體驗都會讓他們未來更加茁壯。

## 放眼國際，不只是小島上

璦絲兒也希望能有更多的通路讓大家方便購買，目前也已經洽談好國外的網路電商平台，璦絲兒認為要做就要做大，他們寧願辛苦也不為了賣而賣，也不希望只是用便宜的價格來吸引顧客，雖然少了一部份開架保養的客群，但她們對自己的產品有信心，更多的用心在拓展國外市場，也相信未來他們能夠成為國際的品牌展現在世界眼中。

接下來璦絲兒也將開拓櫃位，讓大家在各大百貨能看見他們，下個季度也將推出唇彩系列，在研發過程，他們也認真去參考現有的專櫃品牌，比較和調查時下大多數人都喜歡的唇色，以及質地，產品經理也提到，這個系列就讓大家期待一下，因為對品質很要求，一定不會讓大家失望，而他也提到，如果想要創建品牌，產品要有好的品牌目標，並且要依循著這個目標去做，才比較能夠成功。

未來除了保養品，璦絲兒也慢慢觸及彩妝品，接下來慢慢或擴增到香水、服飾領域，除了更宏大的願景以外，也期待透過這個品牌，讓所有愛自己的人展現亮麗，ENSWLE堅持守護最純真自然的你。

# #B

## 商業模式圖 BMC

 **重要合作**

- 日本技術研發團隊
- 原物料廠商
- 廣告商

 **關鍵服務**

- 販售保養品

 **核心資源**

- 技術資源

 **價值主張**

- 低敏感健康的肌膚保養

 **顧客關係**

- 自助式客群
- 社群互動

**渠道通路**

- 官網
- 專櫃銷售

**客戶群體**

- 敏感肌膚的人
- 貴婦
- 愛美的人

**成本結構**

技術投入成本、包裝成本、代言費用

**收益來源**

販售商品的收入

# ＃C | 創業 TIP 筆記 ✎

- 研發保養技術，解決顧客問題，符合市場需求
- 依照客戶族群建立相對應的通路管道
- _____
- _____
- _____
- _____
- _____
- _____
- _____
- _____
- _____
- _____
- _____
- _____

# ＃D | 影音專訪 LIVE 📹

瓊絲兒國際生技公司

LIVE ▶

0901-282188　enswle.com.tw/

台中市西屯區市政路402號5樓之6

fb.com/Enswle/

# 華納婚紗

華納婚紗
WERNAR WEDDING FLAGSHIP SHOP

水晶禮服發表花絮，親力親為的蘇菲老師

蘇芝妃, 華納婚紗創辦者。年輕的她跟許多女孩一樣憧憬著穿上美麗婚紗的幸福畫面, 鬧街上櫥窗中美麗的禮服, 總是給人帶來綺麗幻夢, 為了幫助更多女孩完成她們心目中的夢想婚禮, 她決定開創華納婚紗工作室。現今的華納婚紗, 已成為台中人耳熟能詳的婚紗品牌, 工作室坐落於鬧區公園路和三民路交叉口, 能夠在中部這個大城市做到如此規模並擁有自己的禮服品牌, 同時還代理國外大廠婚紗, 支撐起這一切的是蘇芝菲對這份幸福產業二十幾年來的堅持, 以及默默在背後支持他的另一半。

## 人生有夢，築夢踏實

了解到華納婚紗的起源其實是很樸實的幸福，因為家庭背景的關係，蘇菲老師媽媽和兩個舅舅都在從事相關的產業，從小耳濡目染，受到美和幸福的薰陶，讓蘇菲老師在打造幸福美學的領域裡有高度憧憬，因此即便就讀的科系是醫事技術放射科，她仍在畢業後便立即投入這個產業。「人生有夢，築夢踏實」這句話是蘇菲老師在創業人生中極為重要的指引。進入這個產業開始，經歷了各種不同的角色轉換，每一次的歷練都給自己最嚴格的要求，「想成為最好，就要事事做到最好」，老師不斷提醒自己和要求員工做好自我管理，才能成就一份如此美好的事業。

## 戰國時代般的市場競爭

在這個結婚率不斷下降年代，也有不少攝影工作室的成立，這些工作室對市場的拆分多少都有衝擊到華納婚紗，面對市場更多元的競爭，蘇菲老師自我要求把品牌做得更精更好！她們也對自己的服務有很強的信心，華納讓新人們可以減少訂婚結婚前的繁瑣事項，比起自己找工作室，沒有一條龍的服務，許多零零總總的開支或額外的計價，相較之下顯得划算並且更有保障，華納也有針對每一種預算需求的包套服務，更重要的是為結婚新人減輕對婚禮籌備的繁瑣壓力，提升幸福感和期待度，這可能是用再多錢都換不來一生一次的美好體驗。專業分工和高度的管理要求，為創造客戶服務高滿意度為唯一的工作標準，使華納婚紗再再華麗轉身，成為全台唯一七星級一站式的婚紗服務品牌。

## 即便被世界所傷，仍相信人性光輝

現在光鮮亮麗的華納婚紗也曾有灰暗的時期，最困難的時刻讓蘇菲老師體驗到人性最糟也最美好的一面，曾在2011年底遭遇到惡意縱火，意圖摧毀她們辛苦所建立的一切，而這個沉痛的事件卻反而留下了美好回憶給蘇菲老師，一直以來跟顧客保持良好的關係的蘇菲老師，在當時事件發生時，更多客戶看到新聞後，來電的不是擔心自己的權益受損，而幾乎都是關心、打氣。甚至有看到新聞而專程從台北開車到台中店裡來預定結婚照，所以當時在正逢灰暗危機蘇菲老師眼裡，客戶不只是客戶，而是上天賜與呵護的天使。也發現原來員工是很願意跟公司一起同甘共苦的，感受到原來人是可以那

1-3 6.8. 搭配頭型髮型挑選的精緻髮飾　4.5.7.東方新娘系列

麼有溫度，他們帶來的溫暖和支持讓蘇菲老師潸然落淚，即便過了一段時間，她仍真情流露，抱著感恩的心情看待這份成為禮物的危機。

## 22年仍熱情不滅的蘇菲老師

華納到現在已經過了22個年頭，一份事業經營這麼久，蘇菲老師讓我們感受到她現在仍對產業有極高的熱忱，甚至不亞於當初草創時期，為了保持對時尚風向的敏銳以及創新能力的超前，她必須經常每日花上數個小時的時間搜集世界各地的流行資訊，也導致雙眼因用眼過度而提早做過白內障手術，但談起這個品牌這個事業，她仍是雙眼散發著光芒，總一如既往的把客人稱呼為天使新娘，認為每個人都有最美麗的角度，真心誠意的看見並展現她們的善良與美麗。

## 學無止盡，精益求精的匠人精神

她還想著怎麼創新求變，不僅限於新人們自製婚禮小物的手作課程，她也在乎婚後的女性，預計開創紓壓課程，讓婚後的夫妻可以釋放生活中柴米油鹽醬醋茶的辛勞，也還不斷的搜尋及代理更多的國外獨特的婚紗設計品牌，給新娘帶來更多的選擇。即便已經過了二十幾個年頭，現在她還是會親力親為去做每一件她認定為重要的事情，她還是會用心規劃，還是會上山下海跟拍指導，用心認真的去面對她的工作。在幸福產業深耕如此久的蘇菲老師，仍然持續精進自己，從歐洲各地到北京，拜訪名師學習英式手工帽的製作，進修捧花、花飾以及高段攝影班等各式課程，她也分享每個小細節都是大領域，都是能研究的大課題，光是皇冠可能就有分全冠、半冠，風格的不同怎麼搭配臉型，頭髮的分邊、是不是有流海等等，更違論全身上下的行頭，每個配飾的精緻度合適度，怎麼為新娘精細雕琢出屬於她個人的與眾不同，讓每對新人在人生重要時刻可以留下最美最幸福的愛情見證。

除了專業的幸福產業服務之外，華納也秉持「取之於社會，用之於社會。」的精神，多年來對固定的公益團體採行定額捐助，也對於各級院校專職教育及培訓所需，全面開放見習參訪，並與學校配合技能教學合作，為在校學生加強奠定職能基礎，以利於她們對未來社會競爭的適應。蘇菲老師的事業目標是要建構一座台灣最頂尖的婚紗時尚美學殿堂，現在能成為行業標竿屹立於中台灣，憑藉的是每時每刻的競競業業，創新求變與知心服務，隨時站在消費端來思考消費受眾的需求及渴望。這二十幾年華納堅持為客戶做好「穿出與眾不同、拍出幸福笑容、打造明星婚禮」這三件事而成功至今，未來她們仍要把這三件事做的專精，做更好，目標是追求在消費者心中，華納不只是最大，而是唯一。

# #B 商業模式圖 BMC

## 重要合作

- 各大攝影景點
- 教堂
- 婚禮相關產業
- 國外婚紗品牌代理

## 關鍵服務

- 提供優質專業的婚紗一條龍服務

## 核心資源

- 二十幾年的專業經驗
- 一條龍服務
- 自家婚紗品牌

## 價值主張

- 婚禮相關
- 攝影相關
- 協助顧客留下最值得紀念的一刻

## 顧客關係

- 社群連結
- 實體店面

## 渠道通路

- 直接店面
- 網路平台

## 客戶群體

- 想為自己留下紀念的人
- 準備訂婚、結婚的人

## 成本結構

人力、婚紗設計、代理費用、硬體設備

## 收益來源

使用服務

# #C | 創業 TIP
## 筆記 ✎

- 創建自家品牌，擁有自己的客戶群，維繫客戶關係
- 提升專業服務、增加多元選擇、提供客製化體驗

- _____
- _____
- _____
- _____
- _____
- _____
- _____
- _____
- _____
- _____
- _____
- _____

# #D | 影音專訪 LIVE

台中華納婚紗精品概念館

04-22268866　https://www.wswed.com/

台中市三民路二段199號

https://www.facebook.com/wswedcom/

# #A

## 台灣蕾格有限公司

台灣蕾格有限公司的廖家宏廖總經理，在投入這個產業三十餘年，

而當時選擇創立台灣蕾格，更多是迫於責任，也因為希望能照顧

自己的家庭，因此想有更好的收入，而這樣的單純的想法，讓他投

入產業三十年至今，開發設計自己的電動床有著相當好的成績。

台灣蕾格有限公司，廖家宏總經理，親自研發繪圖
1. M-127鍛鐵床 2.M-030T鍛鐵公主床 3.RG-300床架型電動床 4.RG-383居家電動床墊

## 危機成為開創契機

廖總經理出身農家，純樸且單純，從小在家中幫忙的經歷也知道父母親的工作十分辛苦，出社會只希望能多賺一點錢，賺得快一些，讓家人過更好的生活，在這個因緣際會下，開始接觸買賣，做了之後才發現有許多問題需要被解決，而他也是一路磕磕絆絆但百戰不撓走到現在。三十幾年前，廖總經理在雜誌社上班，透過工作認識到幾個室內設計師，了解到許多人對於復古流行的追求，當時收集這些物品的風潮正盛，於是廖總經理開始做一些骨董、藝術品的買賣，後續有流行起銅床、水床。幾個人單純的希望能夠賺更多錢，把買賣生意做好，本只想拿一些貨進來，賣出去中間收取一些利潤。

找到工廠進了一些貨，但沒想到出貨的品質如預期，當時的買方拿不到好的貨物，不願意付款，這些貨又退不回賣方工廠，說若是退回要增加處理費，因此當時並沒有獲得預期的收益，廖總經理突然靈光一閃「為何不自己開個工廠，處理這些床的品質，自己做呢？」當時雖然也是迫於無奈，但面對客戶的信任，面對家庭責任，面對自己已經開始的事業，與其逃避壓力不如面對它們往前走。

而從此開始，他創立工廠，開了自己的公司，用真誠的態度面對人，在很多貴人的幫助下慢慢穩定，但當生意開始之後，問題也相當多，尤

其在於人的部分難以掌控，剛開始合作藝術品買賣的合夥人，最後因為每個人有不同的想法而拆夥。但廖總經理慢慢瞭解到不是每個人都能和自己走到最後，有時候理念不合，就好聚好散，但也因此更理解如何判斷身邊的人，是否值得信任，如何與人合作。

穩定之後，也開始擴展，當時工廠已經開始有做外銷，國外的宣傳也有許多回收，因此考慮擴展工廠，沒想到剛打了水泥，地基，當天晚上就遇上921大地震，半年後工廠蓋完了，但台灣景氣卻快速的下滑，成本增加卻沒有好的業績，當時廖總經理就敏感的查覺到，生意不如過去好做，必須要想辦法轉型。

1.RG-360美式電動床
2.RG-388居家電動床墊
3. M-030T鍛鐵公主床
4.RG-500照護型電動床
5.RG-377居家電動床墊
6.M-032鍛鐵床

## 優質MIT屢創佳績

好在當時廖總經理對市場的瞭解已足夠，在衡量未來該往哪個方向的時候，廖總經理開始接觸鍛鐵床，以及電動床的市場，評估之後發現，當時台灣幾乎沒有電動床，僅有製作醫療床，電動床是從美國、德國進口，不僅貿易商少數且價格昂貴並非一般民眾能使用的，僅有少量的有錢人才能夠享受的到。

廖總經理當時也確認了市場其實有許多民眾有需求，老人家身體病痛不舒服，可能需要更好的床舒緩痠痛，有脊椎受損的人也可以透過好床讓自己更為舒適。因此廖總經理開始去觀察每一個電動床是怎麼製造，參考以後自己設計研發自己的商品。花了時間投入研發，慢慢的市場成熟，開始有更多人有需求，也有許多廠商認為有未來發展，希望能合作代理，在這樣的狀況慢慢打開市場，而台灣蕾格也慢慢開發出自己二代、三代的電動床，後續又研發了電動床墊，當時也申請了專利，名聲大了，品質優良，也引來一些人仿冒抄襲，而中間也打了幾次官司，但都不能撼動台灣蕾格的高品質。

## 對事業的專注成就蕾格

廖總經理從買賣床開始做起，做到自己開設工廠，經歷到經濟泡沫的時期，轉型，再做到自己的品牌，居家電動床、電動床墊，他不斷關注相關市場，讓自己保持敏銳度與開發商品的靈感，他提到每天不斷的專注，自然而然就會知道接下來要做什麼，他不斷的學習，也不斷調整經營模式。台灣蕾格希望讓有需要電動床的人，能過得更舒適，減少痛苦，也在這幾十年的經歷驗證廖總經理的商品有很棒的品質，外銷生意還不錯，有也固定配合的月子中心、老人院等等，也透過家具展覽讓更多人看見，接下來廖總經理仍會開發更多功能的電動床，躺著就可以運動的韻律床，來幫助體內血液循環、促進腸胃蠕動、活化細胞增進健康的生活，也還在籌建不同品牌。

台灣創業成功率不到5%，而廖總經理之所以能在創業的槍林彈雨中活下來，仰賴他對市場的熟悉及瞭解，對於面對事務的勇敢承擔、與人真誠良善的互動，累積自己的人脈，他說有時候貴人隱藏在身邊，會默默的協助，另外有毅力也是很重要的特質，面對變化不斷的環境要不斷調整更新，才能走的長久。

# #B 商業模式圖 BMC

 **重要合作**

- 零件廠商
- 代工廠

 **關鍵服務**

- 床的相關物品買賣

 **核心資源**

- 專利技術

  自家品牌電動床

  對市場的瞭解程度

 **價值主張**

- 專利技術
- 自家品牌電動床
- 對市場的瞭解程度

 **顧客關係**

- 一般買賣

**渠道通路**

- 官網
- 臉書專頁

**客戶群體**

- 有年紀的人
- 月子中心
- 老人院
- 美容中心

 **成本結構**

開發研究成本、店面、人事成本

 **收益來源**

商品買賣

# #C | 創業 TIP
## 筆記 ✎

- 專注在你要做的產業，全面瞭解市場，就能提高成功率
- 企業轉換要夠快速，該轉型就要轉型，瞭解趨勢再決策

- _____
- _____
- _____
- _____
- _____
- _____
- _____
- _____
- _____
- _____

# #D | 影音專訪 LIVE

台灣蕾格有限公司

LIVE ▶

04-2398 2455　04-2398 2456

台中市太平區大興路600-2號

regl-bed.com/index_tw.php

# 台北極鼓擊

1.台北極鼓極表演側拍 2.陳詩欣聽障奧運大會表演 3.綜藝大集合錄影

台北極鼓擊的團長張家齊(Luke)自幼祖父母帶大,爺爺是四川人,奶奶為上海人,而自己則是在台灣生長,也曾因緣際會在日本工作過,到過世界各地表演,也許因為這樣的背景,讓他不受拘束,在他的世界中文化充滿了各式各樣的色彩。Luke從國中時期便立定志向學習中國竹笛,從踏入國樂社這刻起開啟他和音樂、藝術、舞蹈、太鼓、舞台表演一輩子剪不斷的緣分。

## 和藝術表演的不解之緣

學習竹笛以後,他對音樂世界充滿了嚮往,因此也在國三那年不顧家中大多數人反對,選擇就讀華岡藝校國樂科,高中畢業後當兵考取了藝工隊,讓他正式展開舞台表演的生涯,也在隊中累積經驗擔任負責音響器材、演出道具、舞台演出等要職。退役後,隨藝工隊舞蹈老師張勝豐加入其商業舞蹈工作團隊,為藝人作專屬舞群,展開人生中肢體開發的才能。

透過朋友的關係Luke能有機會到日本去參加當地太鼓團,日本人對於專業的細膩度深深影響了他,日本練習太鼓的練習場如同舞蹈教室,必須和鏡子一同工作,並吹毛求疵的要求每個動作與音色的細節。

當時他跟著團隊在日本巡迴演出,體會到與藝工隊相仿的感覺,就決定要把這份感受和太鼓技藝帶回台灣,回國後他也再度進修台灣戲曲專科學校京劇科,融合他過去音樂、肢體、中日文化的深度,他成立創作表演團並取名為台北極鼓擊,靈感來自日本的鼓上裝飾著漩渦逗點般的紋路,巴紋(ともえ)代表雲朵、陰陽,象徵互相制衡,因此「極」的概念就出現了,LOGO也以兩極的概念設計。

 日本巴紋

## 從五顆鼓開始的走唱人生

草創初期Luke僅憑從小累積的財產,買了五顆鼓開始走唱人生。當時場地是個很大的問題,因為鼓的演奏有一定的噪音問題,要找到適合的場地不易,一開始Luke想在學校組團,但那時沒有人看好,校方立場也會覺得多一事不如少一事,在學校打鼓,或是在不同的公園流浪都是常有的事情,走到哪裡就被趕到哪裡,有一次還被兩個穿著警察服的替代役驅趕,那時真的留下了深刻印象。像個大男孩的Luke說,從小看日本的人形卡通,對戰隊超人五人組就特別憧憬,擁有熱血個性的他,從沒想過單打獨鬥,但是一開始組團真的很不容易,除了場地難尋之外,尤其是人的離開,剛開始內心會感到失落,覺得戰隊中有個顏色的超人不見了,很挫折也曾想過解散算了,但後來就慢慢習慣人就是會流動,Luke笑說就像談戀愛,女朋友分手就只能等待下一個對的人,當然他也在過程反思自己的帶團模式、磨練怎麼做人。

這些困難都未能澆熄Luke想把台北極鼓擊建立起來的熱血,他心中認定這是他在日本撿到的一塊瑰寶,而且這塊寶只有自己掌握,如果放棄真的很可惜。在2006年極鼓擊接洽到在國際藝術村的駐村,開始了有了不同的進展,長達

1.末代武士首映會 2-5台北極鼓擊鼓舞節表演側拍 6.台北極鼓擊團照

三年駐村藝術家生活，讓團員在練習上奠定良好的基本功底，每一位成員都有深厚的表演底蘊，科班出身擁有高度專業再加上他們的多元藝術呈現，人脈方面還有舞蹈界與健身界人才可供支援，極鼓擊因為有日本太鼓的背景，欣賞的方向也會和一般的鼓不同，太鼓需要誇張的動作、表情、具強大張力的肢體語言，是視覺聽覺的共同饗宴。

音樂是不需要框架的，Luke並不特別執著於要做出本土或在地音樂的概念，不侷限音樂創作必須要是台灣、中國或是日本，他涵蓋各式各樣的文化，融合不同的色彩，創造自己認為獨到的東西傳遞給大眾，也因此他們的演出的形式豐富，且擁抱各種可能性，也深受不同背景的人欣賞。

目前極鼓擊在業界已佔有一席之地，有穩定配合的公關公司，除了Luke的人脈累積，團隊的專業和實力也被認可，透過口碑行銷，到目前為止國內外上千場次的商業演出，也有許多藝人合作表演，而Luke在團裡的工作項目從團員的挑選、訓練，到服裝設計、道具改良，表演曲目作曲、編排，網頁排版美工、攝影素材、後製，到對外業務場地勘查洽談案子，無不監督親臨。

正因為這樣的用心，Luke對團隊的構成、節目的製作瞭若指掌，如此才能開出最精準並能標下案件的價格。也讓極鼓擊在每一次的表演、每一個曲子、每一個細節，表演的編排，無一不讓人驚嘆。未來他們也期望拓展到每年有120場以上的演出，培養更多人才，也慢慢開始有企業化的概念，包含公司裡的行政職位的加強，最終希望能成為亞洲打擊劇場的龍頭。

創立極鼓擊十餘年，Luke沒有一天不戰戰兢兢面對大小問題，他也提到自己的心性從過去暴躁易怒，到現在可以心平氣和的溫和溝通，而我們也發現他到現在依然擁有高度的熱情，對於藝術，對於表演、音樂，還有生活和生命，他也希望透過台北極鼓擊告訴年輕人，即使是非主流也能透過專才讓人眼睛一亮。

# 商業模式圖 BMC

 **重要合作**

- 公關公司
- 表演團體

 **關鍵服務**

- 商業表演
- 藝人合作

 **核心資源**

- 太鼓技藝
- 舞蹈技藝
- 音樂技藝

 **價值主張**

- 獨特的太鼓創作表演

 **顧客關係**

- 有需求自行詢問

 **渠道通路**

- 網站
- 關鍵字
- 口碑行銷

 **客戶群體**

- 需要太鼓表演的商場或藝術表演

 **成本結構**

人力、硬體設備

 **收益來源**

案件收入

# #C 創業 TIP 筆記 ✐

- 科班出身的表演者，擁有深厚的舞台表演經驗、專業與相關人脈。
- 找到當時市場上少有的表演藝術型態，成為業界領頭羊

## 支持者留言

- 「對自己夠狠」的人，活得都很精彩！
  ——— 郭綉真 小姐
- 家聲：風雨過後的太陽格外璀璨、迷人
  ——— 黃鑫淳 先生
- 機會是留給有準備的人，看來你已準備多時了！
  ——— 張琬舒 小姐
- 有夢最美.築夢踏實
  ——— 曾又亭 小姐
- 創業者無與倫比的勇氣與智慧，將引領更多人邁向自己的成功大道!!
  ——— 連掌旭 先生
- 為人親切真實，舞藝高強，希望有更多人看到他。
  ——— 黃家榮 先生

# #D 影音專訪 LIVE 📹

# #A

翼詠科技

Aeon Matrix
翼詠科技

物聯網的成熟逐漸改變了人們的生活習慣, 在網路科技的催化下, 並非要金字塔頂端的族群或國家政府才能研發運用, 智能家電與智能生活正體現在我們的生活中。翼詠科技在2014年成立, 其團隊為來自美國舊金山灣區及台灣有相同理念的專業夥伴所組成, 有多年的產品研發生產經驗。

1.翼詠科技 SMAhome 展出獲獎 Top Innovation Award  2.翼詠科技大合照

翼詠科技股份有限公司的執行長蔡明哲（Joseph）原本就有著IC設計工程背景，過去在美國矽谷待了十六年，因為自己有明確的職涯規劃，在前途一片看好的時候遞了辭呈，毅然決然回到台灣這片土地，在就職和創業中來回思考，最後決定要相信自己，也希望為自己的理想拼搏。Joseph提到物聯網是一個很大的方向，一開始並非決定進入智能澆灌這個產業，創業的題目經過一次的更改，這樣的調整和修正，除了基於在美國的生活經驗，與對美國市場的了解，也有對未來產業趨勢與公司發展的考量。Joseph提到，大部分的人總是想很多，說很多，但不會去做。要在有想法的時候盡快去行動，但做下去之後會發現，事情永遠不會跟原本預想的一樣，所以「堅持」與「保持彈性」也是很重要的思維。在矽谷工作太久，有了些許的職業倦怠，回到台灣環境的轉換有很大的改變，Joseph認為剛好是個契機點，可以做點不同的嘗試而選擇創業。發想時期曾經想過直接投入自己原本熟悉的產業，卻也了解做IC設計的新創公司在現在這個時代已難以實現，因此更彈性的思維讓他高瞻遠矚的選擇未來發展更多元且實用的物聯網產業。

## 研發走在尖端，找到市場缺口

不做「屋內」的智能產品，而選擇「屋外」澆灌系統的智能控制器，Joseph說屋內的智能產品，現有的品牌選擇多元，且大廠林立，競爭激烈，屋外的物聯網發展看起來相對是個藍海。現今科技業要特別檢視自己的企業，做出來的商品和產品是否為客戶所需要，又或者當生產完後市場還是否有這個需求，因應瞬息萬變的市場，要注意許多面向。

選擇了物聯網相關產業，開始研發智慧家居的產品，也選擇了美國這個市場，除了自己的背景外，也是長久在美國生活對當地的了解，有更接地氣的商業模式。讓生活更智慧化的事情，美國的接受度較高，而美國的家庭家家戶戶幾乎都有院子。「澆水」對大部分的人來說是一個很神秘的事情，我們並不知道植物到底需要多少的水，大多數人都是憑感覺在澆灌，然而一年四季中不同的植物，需要的水量都不太一樣，持續地手動調整，澆灌排程也是非常耗時耗力的。

觀察市場後，發現這個產品在當時還沒有一個明顯的領頭羊，再加上美國政府推動節省水資源的環保標章，才認為這是一個可行的市場切入口。後來翼詠科技的智能噴灌控制灑水器 Yardian 也確實獲得了美國國家環境保護局，WaterSense 的省水標章，利用氣象大數據計算水的蒸散，再

1.翼詠科技 prototype 2.翼詠科技 第一代 Yardian 研發測試 3.翼詠科技 prototype 4.翼詠科技 第一代Yardian 於 Computex 展出 5.翼詠科技 第一代 Yardian 於高雄市政府展出 6.翼詠科技 第一代 Yardian 於台灣生產 7.翼詠科技台灣農業應用 8.翼詠科技 第二代 Yardian Pro 產品

配合植物與土壤等數據在雲端做運算來決定最佳澆灌排程，有效提高水資源的利用，翼詠科技的Yardian 也是台灣唯一取得此標章的智能澆灌控制器。

在不同的市場要了解當地的消費習慣，使用者體驗。執行長Joseph提到在美國退貨是很自然的，他們的消費模式和習慣就是買了不合用的東西就會退換，不需要理由和原因，但一般他們不會濫用這個機制。換個心態，有更多消費者的回饋，就能讓自己商品不斷的修正。

在美國的市場中不斷收集回饋，在顧客建議中對產品不斷的改良，幫助商品逐漸成熟。因緣巧合之下，因為有台灣的噴灌公司與農友的主動詢問，而開始進駐台灣市場，台灣和美國不同，台灣市場偏向是產業需求，目標族群並非一般大眾。例如台灣的農業有自動化的剛性需求，服務對象則是我們的農友，而公司廠辦或大樓，則有節能與綠化的需求，因此針對在台灣和美國兩個不同的市場，產品與雲端服務都要做不同程度的調整。

## 跨越海洋隔閡，優質軟硬體服務打下跨國事業版圖

Joseph在關於客服的處理也有自己的堅持：要克服時區和語言的問題、提供專業諮詢。Joseph人在台灣，但經常需要處理美國客戶遇到的產品問題，24小時待機是常有的事情，而他認為客戶遇到問題就要馬上做回覆，因此沒有充足的睡眠已是常態，Joseph也是客戶與工程師的溝通橋樑，為了給客戶最好的服務品質，有時候沒辦法分配出去的客服工作，就要自己盡力處理。對Joseph而言，創業一定要解決問題，而非做自己開心，除了一定要清晰自己的初衷，為什麼要走這條路，另外產業也很重要，有沒有符合市場需求得考慮清楚。現在政府鼓勵創業，有許多人覺得可以投入創業的行列，有熱情非常好，但要思考自己要的是什麼。Joseph說沒有經歷過其實是很難理解創業的辛苦，若是已經給自己一個創業的理由，認定這件事非做不可，那就大膽去嘗試，去失敗去受傷，這是創業的唯一途徑。創業經驗都是獨特的，可以聽取經驗但難以複製，每個環節和環境的改動，都有可能造就不同的結果，最好的方法就是去做，過程中就會知道如何調整。

# #B 商業模式圖 BMC

 **重要合作**

- 美國環境保護局
- 銷售通路
- 生產製造廠商

 **關鍵服務**

- 智能澆灌控制器

 **核心資源**

- 軟體開發與產品定義能力

 **價值主張**

- 用智慧的方式解決顧客的痛點，並同時兼顧節能與環保

 **顧客關係**

- 單次性消費，注重售後服務，客戶有需求主動詢問

**渠道通路**

- 官網
- 經銷商
- 安裝商
- Amazon線上購物平台

 **客戶群體**

- 美國大眾客群
- 台灣農業與智慧
- 建築使用

 **成本結構**

開發成本、客服人力、軟體維修、商品製造

 **收益來源**

販售商品與雲端服務收入

# #C | 創業 TIP 筆記 ✐

- 了解市場並找到沒有人做的缺口，理解趨勢和長久發展可能。

- 商品不斷的修正調整，確保使用者的真實問題能藉由商品解決。

- _____
- _____
- _____
- _____
- _____
- _____
- _____
- _____
- _____
- _____

# #D | 影音專訪 LIVE 📹

# 寬居國際有限公司

KUAN JU INTERIOR DESIGN

寬居設計的執行總監許家慈, 對於室內設計有自己的理想, 她認為設計非單純的空間規劃, 而是人、空間、美學的碰撞, 重視專業、溝通與用心, 是她在業內能佔有一席之地的主因。而她創業的原因, 來自於家庭環境, 以及自己對未知領域的嚮往。

1-2.設計案例，沐光秩序 3-4.設計共生，十木

原為財經系的她本身就有從商的想法，而許家慈家中原是玻璃工廠，家庭環境背景讓她對工程相關的領域有一定的熟悉度，跑工地也是家常便飯。而這樣的背景奠定她日後可以以工程的專業角度切入室內設計的行業，而室內設計領域需要的專業相當廣泛，是全方位整合服務。沒有選擇繼承家業，許家慈選擇離開家中保護傘，去接觸更寬廣的世界，與其在安全的環境中努力，許家慈更期望挑戰自己的極限，她想透過這個行業體驗更多人生從未嘗試的事情。剛開始她也是受雇於他人，而在累積自己專業的過程中她與各式各樣的業主認識，瞭解不同的生活型態，認識不同的領域，許家慈享受這個生活方式，而認真投入工作中也讓她與彼此認同的合作夥伴相遇，在個人工作室時期配合過幾次後，有一定的共識基礎下一起創立寬居設計。

## 換位思考心態做好每個案件

許家慈將生活和工作調配的相當得宜，生活即是工作，對她而言十分舒適，她也有許多朋友是透過案件結識。在設計過程中，業主必須把許多私人的事情和自己的生活習慣讓設計師知道，才能共同創造出對業主舒適且合適的空間，這種模式很親密，也因此業主時常會變成朋友。寬居設計的二次客，三次客相當多，而許多朋友有室內設計裝修相關問題也都會找她們詢問。許家慈提到第一次導入綠裝修的案子，這位業主本身加上親友的案件已是許家慈做的第六個案子，而這個案子再次找寬居設計，是因為這對新婚夫妻生了一對龍鳳胎，她們希望能給孩子更好的環境才決定買新房，帶著對孩子的期待，業主拋出這個專案。

而許家慈也希望透過專業，協助業主打造最溫馨的家，業主買房時期就陪著去確認，在交屋前，協助他們房屋的相關問題並處理。綠裝修有明確的數值檢測，施工前中後都請專業顧問盯場，案件結束後申請專業GSG認證，確認符合健康規範，做到完美如同自宅。從每個案件中可見業主對許家慈的信任度與情感，以她的設計作品作回報，她也不吝嗇為業主解答疑難雜症，甚至業主不一定非要找許家慈做裝修，她也樂意協助消費者找到適合她們的裝修方法。一個案子裝修費用可能動輒百萬，對於室內設計這行的工程款而言不算大筆資金，但對消費者而言可能是他們努力很久的夢想基金，因此介紹好的工班與木工，協助業主把錢花在刀口上，是許家慈給自己的期許。

1-3.設計案例,回然系列 4-7.設計共生,十木 8. 施工案例,宏儀大樓

## 化身各個角色,
## 體驗與感受業主習性

空間設計是整合服務業,並非純粹的買賣也非純粹的服務,設計服務也像家庭醫生,協助業主處理許多空間問題,幫他們解決不必要的麻煩,設計師也要了解客戶心裡在想什麼,要懂觀察,並非每個業主都擅於表達,因此設計師有時要當心理學家或是小偵探,先全面性的了解業主需求,再作細節修整,即便同樣產業別同樣工作的業主,都會需要自己獨一無二的設計。

寬居設計希望能給予客戶,寬大的居所,將每個空間創造出寬大舒適的感受,設計時保持變化性與健康,空間是長期使用,通常十幾二十年的時間不會重新裝修,因此必須要保留足夠的彈性。

除此之外寬居設計結合能夠數據化的健康住宅,動線機能都更完善之餘,也能住的安心健康。寬居期許突破傳統框架與思維,以誠心的態度、熟練的工法與實務經驗、已使用者需求為前提,打造最好的環境。她們根據不同層級的客戶給予最適切的服務,利用專業知識將業主生活習慣的內容轉化成具體空間,與業主共同創造每個人的夢想家居。

溝通與整合是設計最核心的能力,也是最困難的事情之一,和業主、同事、工班、甚至到鄰居都需要大量溝通,過程對彼此的理解不到位,或是要考量的面向無法符合所有人所期待,而這就考驗著設計師的整合能力。

## 整合設計產業,凝聚台灣軟實力

許家慈分享,大學所學的知識,能成為一個很好的繪圖員,但離設計師還有一小段距離,想成為設計師除了基本功之外,需要了解業務、行銷等等,若是創業信念則非常重要,找到共同理想,志同道合的朋友作伴,更能擁有堅持的力量,有夥伴和團隊能做到更多的事情,能給予的服務比起個人更多元廣泛。

許家慈從個人工作室做到現在,體驗到自己建立事業和工作的差異,要壯大事業需要建立完整系統,背負的責任也會變大,若要進入這個產業要有競爭激烈的心理準備。

而寬居未來不只是室內設計,也希望可以做到產業整合,跨足到工業產品設計,和衛浴配件廠商合作。設計創生的計劃也讓更多的台灣設計師在國際嶄露頭角,台灣的設計時常拿國際獎項,實力有目共睹,但大多打個人戰,因此未來寬居也希望能共同凝聚台灣設計的力量,並持續為這個產業創造新的價值。

# #B 商業模式圖 BMC

## 重要合作

- 木工廠
- 配合工班
- 建材廠商
- 設計師

## 關鍵服務

- 空間設計與整合
- 商業空間設計
- 住宅設計

## 核心資源

- 室內設計專業
- 工程經驗

## 價值主張

- 以人為本換位思考，誠實透明，達成客戶需求

## 顧客關係

- 朋友及夥伴，共同創造

## 渠道通路

- 口碑行銷
- 官網
- 臉書

## 客戶群體

- 裝修需求者
- 新婚夫妻
- 商業空間

## 成本結構

人事成本、時間成本、工程發包

## 收益來源

案件收入

# #C | 創業 TIP 筆記 ✎

- 全力滿足客戶需求, 全面客製化, 大量溝通與用心付出
- 良好的溝通與團隊配合, 是整合型產業必備基本功
- _____
- _____
- _____
- _____
- _____
- _____
- _____
- _____
- _____
- _____

# #D | 影音專訪 LIVE 🎥

寬居國際有限公司

• LIVE ▶

04-2258 6622

台中市南屯區干城街110號

kuan-ju.com/blank-6

# 工聚設計

工聚設計的劉明耀設計師在求學階段就是學習空間設計相關的背景，一直以來都很喜歡繪畫，從純繪畫轉到做設計，劉設計師一直熱衷藝術領域，至今已經到了匠人等級的執著，他在設計公司待了將近快十年，認為設計的工作一定得經過累積和磨練，從底層開始做起，累積出自己的基本，十幾年的雕琢後，能和顧客直接面對面的深入探討設計。

1.寢室設計，簡約高質感 2.寢室設計，最舒適的休息空間

劉設計師剛出社會做商業空間和展場設計，但至今比較喜歡做住宅，在劉設計師心中，住宅是最能夠和人交流的模式，而他從小就相當喜歡人和溝通，這是劉設計師的特質，和人深入對談，真正瞭解他們所想要的，而非純表現形態。設計界求學階段的師資，通常都是業界人士，因此在設計業，求學生更容易瞥見未來前景，當中有些人如果有自己的想法或堅持，就會走上創業的路，劉設計師也不例外，內心有著許多想法的他，也在足夠的經驗累積之後決定要開始自己的事業。十年間他不間斷的累積相關的人脈和資源，在和顧客深入對談也能累積不同的人脈，在室內設計這行因為和顧客關係很緊密，顧客必須把自己的許多私密想法和生活型態和設計師聊，不能有保留，在這狀態下容易和顧客變成朋友，也因此用心對待顧客也會讓他們願意幫忙介紹，除了案子的確立，也累積能夠合作的對象。

一開始自立門戶也走過工作室的型態，卻沒有停滯太久，為了給顧客更好的保障和信任感，因此不到半年的時間就成「工聚室內裝修工程有限公司」劉設計師和兩位設計師共同創辦，一位是前同事、一位是同學，三個人都在十幾年業界，對於空間的美學涵養和裝修經驗，講究工法，細節、材質材料，設計的特色特別在意色感，利用色彩和材質本身的紋理創造出想要的空間，希望把人事物最美好的帶給顧客，總是站在顧客使用的角度思考，許多人會想要將設計的視覺衝擊做到很滿，但劉設計師會和顧客討論視覺刺激和機能的平衡，為了讓顧客的收納和清潔保養能夠更輕鬆，在實用上和觀賞上做個完美的平衡。

使用者和設計師並須共同創造，劉設計師近年來在現代風的設計上受到客戶的青睞與好評，可以彈性的調整機能和美學比例、空間切割，呈現建築或建材最單純的美感，這是現代風的優勢與特色，也是地狹人稠的城市建築更適合的風格，在軟件、材質、動線及美感的調整上較容易取得平衡。用照片和顧客更容易溝通，能和顧客一起尋找到符合他的風格，抽絲剝繭揣摩顧客喜歡的東西，在各種風格上都能滿足顧客。劉設計師也曾特別專研過法式輕古典及美式輕古典的風格，這也成為他們的優勢之一。

## 為自己事業累積，
## 用心每一次的學習

工聚設計還有另一個相當好的優勢，是在於專業分工，不同的設計師擅長不同的美學風格，並

且每個人都有深度的豐富美學涵養，都各自能夠獨力完成案子，因此可以平行作業，工聚設計也有固定配合的工班，不用每一次重新和不同的工班磨合和溝通，因此在溝通上和默契上都有一定的程度，能夠為顧客保持更良好的品質。

他們團隊不設限，因此也會接到一些獨特的案子，劉設計師提到他最有印象的是曾有做過海水缸，因為顧客家裡有許多珊瑚礁，為了給這些珊瑚礁一個最接近原生環境，顧客給了劉設計師新的難題，為此他也傷了不少腦筋，海水缸所需的壓力、水質都和淺水缸不同，工法也沒有做過，對於未知的領域和設備劉設計師選擇更用心了解、更注意每一個細節，這案子對工聚設計而言雖然是個大挑戰，但也因此在經歷上又往上一層樓。

目前工聚設計的辦公室就在劉設計師的自宅，將工作和生活完美結合，將公與私的領域平衡的揉和在一起，這也是劉設計師的拿手好戲，用專業的規劃與板材的和諧將不同機能的空間串聯起來，感受上能夠保持明亮和清晰的頭腦，卻不會失去溫度與親切的氛圍，溫潤是劉設計師的空間給人的感覺，會讓人想待在裡面。

劉設計師在創業前和創業後最大的差異在於自己的壓力，在作業型態上因為工作時接觸的面向很廣，在案子的過程中共學，但真正自己創業要第一線的面對壓力和情緒，這是和當員工時特別不同的，除

了壓力之外，如何和顧客達成共識，真的是一大挑戰，每個人都有每個人的想法，尤其是剛開始接洽，彼此信任度還不夠高的時候的業主，剛開始創業的劉設計師並沒有足夠的作品集，因此要讓顧客信服相對更不容易，但在做了越多的案子後就也能夠讓顧客更加了解工聚設計。

## 主動積極的和客戶提問，磨練溝通力

室內設計同時包含工程面、服務面、商業名，相對其他產業複雜，需要售後服務和足夠的彈性空間，大量的細節討論，擁有良好的心態是要進入這行最基本的條件，一個工程期都是三個月半年甚至更久的時間，客戶可能會在中間不斷有新的想法，要在不破壞現場或少破壞現場的前提下達到客戶的需求，溝通真的是基本功，一定要有這個核心能力，也要主動積極地向客戶提問，不要等客戶跟你講的時候就是抱怨。

接下來工聚設計也希望能將品牌做到更完善，擁有獨立的辦公室，再把規模擴大，目標是將台中七期的案子做更多，也希望能拓展到台北。未來劉設計師也希望能夠接觸到建築領域，由建築外觀、結構到內部設計都可以去做整合，期許能為顧客做更完整的服務。

1-3.居家設計，客廳機能與美感的平衡，現代風格的專家
4-5.寢室設計，運用色彩讓空間個性化
6-7.同時兼顧動線、容易整理，及視覺美感

# #B 商業模式圖 BMC

## 重要合作

- 家具工廠
- 建材工廠
- 施工工班

## 關鍵服務

- 丈量規劃
- 設計工程
- 室內裝潢設計

## 核心資源

- 空間設計師

## 價值主張

- 感受生活美好，體現美學氛圍

## 顧客關係

- 合作夥伴
- 共同協作
- 朋友

## 渠道通路

- 口碑行銷
- 幸福空間平台
- 官網
- 臉書

## 客戶群體

- 家庭購屋
- 舊屋翻新
- 住宅大樓
- 商業空間

## 成本結構

人力、外包費用、設計費用

## 收益來源

案件收入

# #C 創業 TIP 筆記 ✎

在創業前累積好人脈和相關資源，在創業時能發揮最大效益

顧及專業深度且了解如何行銷自己

---

---

---

---

---

---

---

---

# #D 影音專訪 LIVE 🎥

# #A

橘野數位設計

橘野數位設計
WWW.GEYES.COM.TW

擁有獨到眼光的王香晴總監及姚東緯總經理, 在十幾年前就看好數位技術, 整合設計和數位工具, 在人生規劃的旅途中, 走上創業的路, 展望未來。夫妻兩人共同創業, 彼此相遇時不只是遇到了人生中可以一起走到老的另一伴, 也是能共同成長的合作夥伴。

1.門市照片 2.總部會議室照片

## 投資自己，為未來打下基礎

王香晴總監家庭就是書香世家，奶奶和父輩的有許多親戚都是教育人，作為老師的後代，家庭環境對藝術領域的培養不遺餘力，從小王香晴總監在奶奶的關懷下長大，培養寫書法、畫圖、演講，上台表演的能力，王香晴總監許多個性和重視的事情都是受家庭影響，也從小對美感的培養，讓她很早就知道自己對於設計的興趣，家裡的人雖然希望她當老師，但王香晴更希望自己是個商人，能夠追尋自己想要的人生。

姚東緯總經理對自己的規劃也是創業，電子科背景的他，高中就曾經評估過自己未來的想法和競爭力，當時去學習相較更需要資源的電子而放棄資訊工程，他相信未來有需要用上資訊及軟體，他可以自己努力學習，而他也在後來自己補足了資訊專業，擁有程式設計的能力。姚東緯總經理和王香晴總監兩人有共同目標，剛熟識時是競爭關係，當時兩人都為了各自的人生目標，投入補教業，在同一個補習班工作而相識，當時姚東緯總經理已經確定自己人生要創業，希望加強自己業務的能力，而王香晴總監則是設定好自己要開一間自己的店，運用自己對設計的想法，做自己的生意。

在補習班的職場過程，一開始的競爭關係以及對彼此不熟悉，讓兩人常常有爭執，但在後續相處之後，他們發現其實彼此有合作空間，為達成兩人的共同目標，也開始有更多的討論策略，並且和老闆提出建議，當時常常一起加班熬夜，建立起革命情感也培養出好默契，兩人都認同彼此是可以共事的對象，也在那時建立起穩固有效的溝通模式。

## 預見未來的眼界

兩人在後來創立橘野數位設計的契機，是王香晴總監的弟弟也想創業，於是幾個人共同合作真正開始自己的事業，王香晴總監投入了自己過去就喜歡的設計領域，而姚總經理也發揮專才，在數位軟體的領域更加專精，定位明確且有過去的合作基礎，讓他們有很好的共識，雖然事業過程因為與弟弟的經營想法不同而拆夥，但更能展開拳腳做自己期望的方式，踏實自己的經營理念。

橘野數位設計著重客製化的網頁設計，在這個套版容易取得的時代，決定為自己的事業和消費者提供更精緻的服務，雖然成本較高，也難以培養人才，但他們更早之前就看見趨勢，相信手機可以比想像中做更多的事，更個性化的

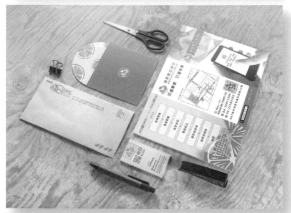

核心資源握在手裡，可做的服務更廣

風格，更強的操作介面都是越來越被需要的設計模式。

## 幫助每一個夢想具現化，讓他人看見

王香晴總監認為，在數位世代沒有什麼不可能，她也認為橘野數位設計為客戶提供的價值是協助他人完成夢想，大部分會做網站設計、數位行銷的人都是企業主，都是為自己夢想而努力的人，每個案子都是一個夢想，能夠和客戶一起努力創建他們的品牌，也讓自己有完成夢想的感覺，相當有成就感，也會覺得和客戶都是共同創業的夥伴。

王香晴總監覺得無論客戶懂不懂網路資訊、設計、程式，橘野數位設計都應該要為了客戶的信任負責，因此對案件更加用心，王香晴總監看的是更長遠的未來，而非當下的近利，他們非常在乎網站的存活率，也期望做出能夠提升客戶績效的服務，而擁有自己的美術及程式設計團隊是他們的優勢，讓他們可以把省下的成本回饋到品質上。

夫妻兩人也開始培育新人，建立自己的團隊，努力去傳承，雖然過程不容易，有時候比自己做還更累，每一個人都有自己的個性，不容易掌握，也為了擴編團隊而感到壓力，同時要接案又要教學，還要付出更多資金與資源，尤其在產學上沒辦法順利的銜接，要在教育和績效產值上平衡。而煩惱策略和建立系統的過程，也會耗費大量時間，但他們還是期待建立起好的系統，並且一起更穩定自己的品牌，未來跟著趨勢，結合數位技術和行銷，將公司的優勢發揮到最大。

剖半的橘子，根飄在空中，象徵著橘野數位設計有自己的能量及生存的方式，橘野數位設計的logo，剛開始經營就以數位切入，當時並非普及化的概念，兩人白手起家，一直願意不斷精進學習，讓他們成績蒸蒸日上，在十幾年的業界累積，也讓他們對客戶需求更加了解，他們也分享，創業必須要明確自己目標，要有格局，無論一開始創業是甚麼角度切入，後續也要明白自己希望得到甚麼，並且補足應該有的能力，而橘野數位設計，也仍舊會不斷努力提供價值讓產業及消費者都可以共好。

## 商業模式圖 BMC

### 重要合作

- 瀚宇彩晶
- 民視
- 華儷國際
- HOUSE好室喵
- 弘爺漢堡
- 丐幫滷味
- 岩漿火鍋
- Mr.wish
- bubbleZ

### 關鍵服務

- 網站設計
- 品牌規畫
- 行銷企劃
- 商業攝影

### 核心資源

- 美術設計
- 程式設計
- 輸出

### 價值主張

- 運用數位技術協助企業、機構提升績效、企業形象、資訊服務、管理

### 顧客關係

- 共同創造，合作

### 渠道通路

- 官網
- 臉書專頁

### 客戶群體

- 企業家
- 政府機關

### 成本結構

人力成本

### 收益來源

案件服務收入

# #C | 創業 TIP
# 筆記

- 技術抓在自己手中，就能掌控更多事情
- 培養對趨勢的敏銳度，了解市場走向

---

# #D | 影音專訪 LIVE

橘野數位設計

• LIVE ▶

04-23582018

臺中市西屯區天中工二路188號

www.geyes.com.tw

# #A

## 翔堉科技股份有限公司

SUNYU TECH CO.., INC.

翔堉科技股份有限公司的創辦人, 莊淑欣在中興大學畢業後, 進入資訊軟體產業寫程式, 過去在資訊軟體業界超過20年的時間, 經歷過不同的工作職位, 從工程師、專案經理(PM)、部門主管再到數位教材公司的總經理, 帶過不少團隊, 也擁有良好的整合能力, 這些時期的累積也讓自己有更好的穩固基礎, 為未來打下良好的基石。

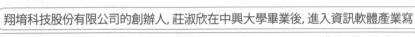

1.日本參訪 2.家人的支持讓莊淑欣更有信心
3.熱愛挑戰的莊淑欣，挑戰玉 4.和家人一起挑戰嘉明湖

嚴格來說，莊淑欣原先人生的規劃中並沒有特別想創業，有感於在前東家的數位教材的公司做到總經理的位置，深刻感受數位教材製作的辛苦，一個小時的數位教材其製作成本頗高且利潤低，在案量居高不下的情況，設計師除了需要加班趕工外，無法專注於設計之專業養成。莊淑欣的人格特質喜歡學習新事務，身邊的人都鼓勵她自己出來嘗試創業，在工作的期間也曾遇到公司的角度和自己不同而感到有志難伸，而自己特質較不服輸，也想知道在不同的位置會不會有不同的想法，如果自己成為老闆，用自己的想法去嘗試看看，是否能夠如自己的理想，還是也會遇到許多困難，這是莊淑欣創辦翔堉科技股份有限公司想要的收穫及挑戰。

莊淑欣是一個清晰自己方向的人，也了解自己的優勢及人生規劃，當工程師的時期，她就已經意識到許多事，也有危機感，為了提升自己競爭力，她進修攻讀研究所，當時和主管請求讓自己從工程轉到規劃，並且自願薪水減半，用公司資源來投資自己，一直在工作中不斷需要創新和發想，讓她有很多思考，而在過去的投入和認真都是現在創業路程中，她可以有自信的本錢，也有許多人在她創立公司以後希望能夠投資，但目前莊淑欣選擇獨資，能自由發展自己思維。

## 用科技的力量，把價值放大

帶人方面，因為自己過去的經驗，她也有信心能夠做的好。擔任專案經理帶領專案成員的時候她就知道別怕衝突，不怕衝突才能讓每個人把想法說出來，討論才能得到更好的結果，具備與人的溝通及整合也讓她有更高的優勢，熱愛學習也能夠跨領域，讓她的路可以更寬廣。

選擇跨入數位教材，是莊淑欣認為應該要分享與貢獻，自己擁有科技的能力應該要協助沒有科技能力的產業，讓更多人受惠。而莊淑欣自己的目標也很明確，透過標案讓自己公司先有穩定的金流，但會用更大量的時間來思考協助數位教材轉型，例如：在許多交流的場合看見很多老師有好的課程內容及架構，但他們不一定會將內容做成線上教材，而莊淑欣就期望能夠協助到教材數位化，也期望透過這個模式，大家能夠把知識更普及，能夠讓更多人共享。

## 專業育成，飛翔之心

莊淑欣透過創立翔堉科技股份有限公司，希望集結團隊成員多年來擁有不同產業與資訊軟體系統之建置與技術的服務經驗，滿足客戶在建

1.參加大陸PTIC研討會 2.公司尾牙活動照片 3.協助企業取得專案管理獎項 4.產品取得創新獎
5.清泉崗參訪

構其資訊技術架構所需的資訊軟硬體設備、顧問諮詢、整合服務及後續的保固維護支援服務，期許成為專業系統整合服務廠商。而她只要投入就會全力以赴，有強大規劃與執行力的莊淑欣，對於自己的創業計劃也很清晰。前兩年希望能夠穩固公司的基石，短期目標藉由團隊延攬公部門的系統整合維護案，以最適宜的成本、最優質的服務協助政府單位創造最大的效益，中長期目標則是專注於數位教材產業的自動化教材研發，運用人工智慧(AI)的語音合成、深度學習等技術，期許於數位教學產業有突破性貢獻。

莊淑欣認為企業十年是個基礎，若基石穩固，也會嘗試更多不同的事情。現階段也開始籌備和學校老師合作，把電子商務應用在傳統產業，而能夠和學校的團隊合作是很令人期待的事情，數位教材的自動化及電商服務是接下來莊淑欣要主力發展的內容之一。

莊淑欣對於培養後輩不遺餘力，對於翔堉科技股份有限公司，她期待能夠是個接班企業，專業育成，飛翔之心，她希望員工或主管，隨時都有能力飛翔展翅，主管要有包容之心，員工也要隨時準備好可以飛翔的能力。莊淑欣是個認真在當下的人，面對在做的事情以及面對的人，都用心對待，對於消費者希望能夠給對方最大的信任感，盡最大的責任，努力走好每一步，機會就會到來。

## 從零到一，得先回歸於零

莊淑欣創業以後，有許多生活上的改變，姐姐和自己丈夫的支持讓她有更多信心，創業後時間能夠自己安排，也讓自己能把時間放在自己重視的事務上，創業過程所有的自我探索與學習對於家庭關係也有改變，擁有自己的事業，保持與社會連結，對於子女的溝通和夫妻的溝通都能夠在一致的頻率上。但對於創業需要調整好心態，第一個就是把過去拋棄，無論過去有多少豐功偉業，有多少偉大成就或是團隊，創業就是要回到空杯的心態，即便過去在公司一人之下萬人之上，創業就是回歸於零。自己的事業沒有人可以幫你，如果有那是幸運，但先要認知到所有事情都是自己的事，要勇敢面對，有這層認知以後，就會比較快樂，能用正向積極的方式面對需要解決的問題。

# #B 商業模式圖 BMC

## 重要合作

- 學校單位

## 關鍵服務

- 資訊軟體開發
  多元整合服務
  人工智慧運用

## 核心資源

- 資訊軟體系統之
  建置與技術服務

## 價值主張

- 以資訊科技專業，
  協助企業轉型，達
  到雙贏目標

## 顧客關係

- 共同建構

## 渠道通路

- 官網、
- 社群通路(FB、
  youtube)

## 客戶群體

- 公部門
- 教育產業
- 零售產業

## 成本結構

研發成本、人事成本

## 收益來源

接案收入

# #C｜創業 TIP 筆記

- 剛投入一個產業要用心投入，不怕挑戰，培養自己的專才
- 無論是什麼角色都可以多學習，多了解不同領域的內容，遇到問題就面對

- _____
- _____
- _____
- _____
- _____
- _____
- _____
- _____
- _____
- _____

# #D｜影音專訪 LIVE

翔堉科技股份有限公司

04-37071960

台中市西屯區河南路二段262號3樓之11

http://sunyu-tech.com.tw

# #A

## 聯騰資訊股份有限公司

聯騰資訊是執行長鐘永彬 (Kenneth)的創業再出發，將過往創業所汲取的養份帶進聯騰，淬煉後的經驗協助聯騰資訊採用更好的服務思維與流程，協助企業客戶達成目標，共創雙贏。

趨勢論壇受訪

## 接觸異領域，發現市場需求

機械專業的鐘永彬因偶然機會下透過程式協助他人解決問題，讓他開始了資訊系統開發的旅程，進而投身資訊領域，鐘永彬對於所開發的資訊系統幫助使用者解決自身問題有著相當大的成就感，他認為利用所學知識發揮在一個好的題目上，就能為普羅大眾帶來更好的生活，加之樂於挑戰與喜好動手優化事物的個性，便與當時的主管以電子書為主題，展開第一次的創業旅程。

然因團隊過於重視技術，缺少團隊、行銷、成本管理等觀念與相關核心能力培養，最終以暫停營運告終，雖然第一次創業就遭遇挫折但並未讓鐘永彬離開資訊產業，他改以個人工作室重新出發，以建置APP或網站等資訊服務，持續他熱愛的事業。

因親戚在書局零售領域服務，極需一位統籌零售資訊開發的經理人，進而邀攬鐘永彬擔任此統籌的專業經理人，這份邀約成了他人生中相當重要的轉捩點，從此與零售業結下不解之緣，在書局零售領域服務的五年期間，透過優化內部資訊系統過程中，他瞭解到台灣中小型零售企業在進行數位化作業流程時，所遭逢的困境，不是僅止於建立資訊系統。

中小型企業相當需要IT技術的輔助，但卻沒有足以成立IT部門或團隊的條件及必要性，就算企業有願意成立相關部門，但資訊人才的聚集也是一大課題，絕大多數的資訊人才往往被大公司磁吸，以致中小企業在數位轉型浪潮下更

難以跟上時代，鐘永彬看到了這個難點，並明白自己有足夠能力解決並滿足中小企業主的需求，鐘永彬決定帶著以往創業的積累再次挑戰創業，聯騰資訊於焉誕生。

聯騰資訊匯集了從系統開發、行銷推廣、倉儲管理、視覺印像設計等在零售領域服務的菁英人才，以零售領域知識為中心，提供企業資源管理、資訊整合、數據分析、網站建置、電子商務等客製化服務，做到高度客製，同時也吸收這些數據資訊，讓他們能夠把標準套件更完善，做到更符合市場需求的組合，因此稱聯騰是一支菁英團隊也不過。

2019MeetTaipei參展

## 數據決策，協助企業高效管理

協助企業數化轉型目標，最佳化中小企業內部價值的結構化系統，透過資訊匯流渠道連接企業每個部門進行有效整合，透過標準化模式迅速提取報表，數據分析，藉此提升企業營運效率，聯騰資訊同時提供異質資料流整合分析服務，對於企業在現行多變的經營環境中建立快、精確的佈局優勢。

每次的挫折都帶來不同面向的學習，聯騰資訊在創立時，就同時思考到技術不再是唯一，更多經營面向的並行考量，才是此次創業不可或缺的武器。

聯騰資訊之所以能夠成為中小零售企業的資訊服務者，協助企業解決各式數位化浪潮裡的痛點，經歷的積累與技術的追求二者不可或缺，在成立公司前已經在市場獲取回饋並疊代更新。聯騰資訊有著四個主要文化目標：數據決策、創造價值、垂直整合、水平發展，鐘永彬與合作夥伴們都能建立長期合作的優質連結。

1-2.HomiEye系統推廣說明會  3.聯騰帽T日  4.聯騰成立囉

1.聯騰資訊股份有限公司團隊夥伴 2.服務項目pos系統

## 越戰越勇，挑戰問題

這一路的創業歷程中，順遂二字並非鐘永彬的代名詞，本以為能發揮自己專才，但卻迎來第一次的挫折，個人工作室期間，所承接的資訊服務案，讓他以更宏觀的方式了解市場生態，也因此發現下次創業的切入口，這些轉化讓鐘永彬成長，以享受挑戰面對難點，以用心專注為每位合作夥伴帶來更佳的合作關係。

他說自己的團隊是怪物團隊，看的見他對於自己團隊的驕傲與信任，而這也意味有著更大的責任提供團隊更好的工作環境與更大的舞台發揮，而鐘永彬在創業前後最大的體會在於創業意味著更思考點要更全面，從客戶、公司、團隊如何相結合運作順暢。而未來鐘永彬的目標是做出更多差異化，目前聯騰資訊主要透過客戶們的口耳相傳，慢慢為人所熟知。

在聯騰資訊更加穩定成長後，鐘永彬希望能盡力撥出時間進行他最愛的程式系統開發，這也是他人生中一直都熱愛的事情，鐘永彬建議想創業的後輩，台灣的零售業相當有活力，是值得注意的領域，也有很好的市場前景，另外一定要去探索自己，了解自己喜歡並且熱愛能夠投入的事業，在這樣的狀況下，就會樂於吃苦耐勞並且面對每一個遇到的困境。

# 商業模式圖 BMC

## 重要合作
- 零售業者
- 企業IT部門

## 關鍵服務
- 數位轉型
- 資料整合與分析
- 流程診斷
- ERP
- POS

## 核心資源
- 軟體技術
- 領域知識
- 產業診斷

## 價值主張
- 零售領域的數位資訊服務提供者

## 顧客關係
- 長久合作夥伴關係
- 客製化的合作

## 渠道通路
- 口碑行銷
- 臉書專頁
- 官網

## 客戶群體
- 中小企業
- 零售業者
- 欲數位資訊整合者

## 成本結構
開發成本、人事費用

## 收益來源
網站建置、電子商務、
資訊整合與分析、客製化系統

# #C | 創業 TIP
筆記 ✐

- 享受挑戰, 解決問題, 做為創業家要有不被擊垮的堅強心智。
- 了解市場需求, 擁有好的技術和服務, 也要知道如何賣出去。
- 
- 
- 
- 
- 
- 
- 
- 
- 
- 

# #D | 影音專訪 LIVE 📹

 BMC（範例）

|  **重要合作** |  **關鍵服務** |  **價值主張** |  **顧客關係** | **客戶群體** |
|---|---|---|---|---|
| 自備車族群<br>付款處理方<br>地圖數據提供端<br>當局機構 | 平台、演算法開發<br>市場行銷以供需平衡<br>駕駛入職培訓 | 隨叫即派車<br>可免現金流<br>叫車簡單快速<br>滿足承載需求<br>輕鬆賺外快 | 高自動化 | 行人<br>駕駛 |
| |  **核心資源**<br>優步平台<br>訂價演算法<br>路線演算法 | | **渠道通路** <br>手機應用程式<br>社群媒體行銷<br>公共關係 | |

| **成本結構**  | **收益來源**  |
|---|---|
| 平台開發費用、行銷費用、薪資支出、駕駛所得 | 單次載客收益、訂價上浮、品牌溢價 |

# 我創業，我獨角 （練習）

設計用於 _____ 設計人 _____ 日期 _____ 版本 _____

重要合作

關鍵服務

核心資源

價值主張

顧客關係

渠道通路

客戶群體

成本結構

收益來源

# Chapter 3

# #A

豐盛愛

豐盛愛用有機蔬果將愛帶給消費者，在生活中的各個面向，他們都用正確的態度，做正確的事，因對環境、對人的體貼和關懷還有愛而成就的事業，把溫暖帶給更多人，並且造就出更美好的環境。

1.市場一隅，乾淨整齊讓人安心的蔬果　2新鮮蔬菜

## 愛與溫暖簇擁的產業，豐盛愛。

豐盛愛這份有機產業，一開始源自於老闆廖于荃有相同信仰的朋友介紹，因對環境、對人的體貼和關懷還有愛而成就的事業，透過這個方式，將台灣最濃厚的人情味傳遞給人們。豐盛愛的LOGO，用細緻的愛心，圈起九種果子，飽含各類營養蔬果傳達健康自然之外，老闆也提到LOGO所代表的含意，老闆含蓄提到這件事不會特別跟客人說，而是對自己的期盼和提醒，要結出生命的果子。

豐盛愛有著緊密連結的三位合作夥伴，因為共同的信仰，相同共識和想成就的信念，因此在有機農業的市場一同努力，2014年4月剛開始要踏進這個產業時，是不被家人朋友看好的，當時的台灣並沒有太多的食安問題，因此不管是市場還是家人朋友眼裡，認為有

機蔬果和一般蔬果並無差異，直到2014年底，陸續有食安問題被新聞報出來，包含像食用油品、蔬菜農藥檢驗超標等等，從那時開始就越來越多人重視食物安全的問題，也越來越追求要吃原食物，少吃一些罐頭這類加工食品的觀念。

豐盛愛是個幸福、誠實、正向陽光的產業，不管是對於他們自身的產品有高度的認同和堅持；在生活中的各個面向，他們都用正確的態度，做正確的事，也因為這樣，在創業的過程，家人們感受到他們對於事業的堅持，和投入的心力，也慢慢從疑惑轉為支持，開始給他們正向的回饋，家人朋友常常也會帶著小點心去市場和他們分享，又或是引薦需要有機蔬果的人來買他們產品，這樣的舉動，都會讓他們有越來越有信心，也更堅信自己做的事情是對的，值得被肯定，更讓他們以這份產業感到驕傲。

## 吃的不只是菜，更是一份溫暖

有機產業的成本比一般的蔬果更重，一開始農地就必須要先休耕3~5年，經過繁瑣的申請檢驗，還需要與其他農地保持距離，兩者之間需拉出合乎規定以上的隔離帶，栽種比慣型蔬菜一至兩倍甚至更長的種植時間，種植過程不能使用化學肥料、農藥，因此也需要更多人力去抓蟲和更用心的培育，也因為投入更多資產成本，導致有機蔬果的價格比一般的蔬菜更高；而這也造成剛開始經營上最大的挑戰，不管是投入的時間和資金都是高成本，且市場也還未看見機會，但是這些困難卻讓他們越挫

越勇，堅持到看見曙光，從原本大量的成本投入，負債上百萬到慢慢可以回收，到有正常的收入，雖然過程艱辛，但因為有信仰，有親朋好友的回饋，以及看到合作夥伴對這份產業的熱情，讓他們認定要更堅定有機產業，用心把可以成就健康的信念推廣出去，把溫暖帶給更多人，並且造就出更美好的環境。

## 關注環保和永續經營，無論是人亦或環境

豐盛愛在經營這份產業的初衷，是希望可以帶給人們喜樂、誠實、特別、溫暖、真誠、有信任的、有溫度的、美好零距離的，就如同店名「豐盛愛」，他們更希望跟顧客的關係，不只是買賣，而是可以成為真實的朋友，可以一起約出去玩，可以一起吃飯，可以有很好的關係，成為彼此分享心情的好朋友，而他們也一直很有默契的努力執行中，在他們心中豐盛愛的這份事業沒有結束的一天，因為健康是人類最大的資產，因為「愛是永不止息的」，愛是需要不斷的傳揚出去的，因為地球只有一個，必須善待它，好好的保護環境。

## 共同奮鬥擁有羈絆的團隊

「豐盛愛」是個很特別的企業，他們不把自己定位在企業，而更是希望自己的存在能為人們帶來更多的能量和愛，雖然必須要賺取錢財才能生活，但豐盛愛更希望自己真實的走入每個人的生命，他們更重視拿掉利益之後，人與人還能有怎麼樣的關係，除了面對顧客是這樣，面對自己的合作夥伴、團隊及有共同信念的小農們，他們都是用同樣的珍惜和感恩去面對，他們更用心的滿足內心深沉的渴望，而不只是流於表面的利益關係。

1-4.豐盛愛配合的熱情小農、奶油白菜、櫻桃蘿蔔 5.豐盛愛團隊與探班好友合影

團隊間擁有很好的連結和共同奮鬥的目標，在豐盛愛裡，愛滲透在每個人的生命當中，他們看重工作效益和產能的同時，更在乎你這個人是否變得更好了，是否成為有能量的人，他們用愛來幫助整個團隊，也幫助這個世界，他們偶爾也會衝突，但也會願意為了成就美好事業讓步，放下不必要的情緒，彼此接納。而接下來的3-5年內，豐盛愛也計劃要到不同的市場中，走入不同的社區，接觸不同的人事物，期許在走出更大世界的同時，大家能共同成長學習。

## 永不止息的愛

「永不止息的愛」是豐盛愛核心的信念，相信愛必須要充滿生命，用實際的行動去承載，回饋及傳遞給更多的人，相信人只要願意用溫柔的態度對待他人，他人也必定會回應給你好的感受，如果能夠學會回應愛，對於給出愛的這個人，會更有能力繼續給予，也不會抹煞他對愛的定義，能給得更熱烈，更喜樂。

挫敗是常態，也是感謝，是成長的養分和肥料，挫敗使人成長，也提醒豐盛愛不要忘記自我，不要忘記初衷，不要忘記自己存在的目的，創業的過程辛苦，最終都回到態度，用甚麼方式對待周圍的環境和周圍的人，他們必然返回什麼，因此用溫柔、關懷、和諧、支持還有用心，就是豐盛愛想傳遞給每個人的價值，對他們而言，創業雖然辛苦，但也是很棒的一件事，他們也鼓勵想投入這個產業的年輕人大膽做，但創業的理念必須清晰，擁有正確的價值觀才能走得更遠、更長、道路才能拓得更寬，並且可以不斷帶來新的話題，而非短暫的曇花一現。

# #B  商業模式圖 BMC

 **重要合作**

- 團隊經營者
- 經營夥伴
- 配合的有機種植
- 小農

**關鍵服務**

- 販售有機蔬菜
- 有機相關的相關食材產品
- 天然保養品
- 天然生活用品

 **核心資源**

- 有機無毒的產品
- 溫暖關愛的人格特質

 **價值主張**

- 透過提供健康的蔬果達到傳遞愛、真誠與關懷、環保等

 **顧客關係**

像家人朋友般的連結

**渠道通路**

- 市場
- 商家
- 社區
- 餐廳

**客戶群體**

- 注重身體健康、食安議題、天然、環保的客群

 **成本結構**

- 人力、培育蔬果的耗材

 **收益來源**

- 有機蔬果、食材販售獲利

# #C | 創業 TIP
## 筆記 ✏️

- 了解現在市場需求, 抓住人們越來越重視健康的想法思維, 以有機蔬果為產品切入
- 誠信、溫暖建立相對應的品牌形象, 讓顧客感受到一致性
- _____
- _____
- _____
- _____
- _____
- _____
- _____
- _____
- _____
- _____
- _____

# #D | 影音專訪 LIVE 📹

豐盛愛有機

SCAN ME

LIVE ▶

0984-117890　台中市永春東七路889號

fb.com/pg/godheartylove/about/?ref=page_internal

# 旺春豐鉄板吐司

近幾年來，在台灣各地熱賣的高人氣輕食，健康的蔬菜加上香噴噴的鐵板烤肉，還有罪惡感滿滿的起司，刀子一劃開，看到遇熱融化緩緩流淌的濃郁起司，令人忍不住食指大動，已經有許多不同的商家開始搶攻鐵板土司的市場，而旺春豐有著自己的信念，對食品的堅持，讓他們對未來充滿信心。

1.旺春豐鐵板吐司共同創辦人合影
2.旺春豐人氣商品，手工泡菜阿牛起司蛋

## 為了給妳最好的，成了開頭第一步

創業要面對的是現實的考量，很需要策略和規劃，而開頭卻是一段浪漫的故事，除了兩位創辦人都很喜歡吃早餐之外，因為女友體質敏感，吃到品質不好的食品就容易全身發癢，讓柯煜彰老闆開始思考，要創辦一個可以吃到健康天然的食材，讓自己以及身邊所愛的人都能吃得安心的早餐店。個性十分靦腆，不擅長表達的柯老闆闡述，剛開始他們奔走在各大廠商之間，就為了尋找好的肉品，他說並不是大廠商提供的肉品就一定有保證或是適合他們店面，所以他親自拜訪和確認，對食材有精準的要求，包含油花的比例，他們不使用重組肉，也不在自己產品裡增加不必要的添加物，使用鮮奶土司，市場直送溫體豬肉，飲品也是使用二砂糖而非果糖，堅持把天然健康放在產品中。老闆也很熱情好客讓我們嘗試，親自吃過就能夠瞭解

老闆的用心，單吃他們的三明治完全不會口乾舌燥，肉品鮮嫩多汁，有著肉品本身的甜感，蔬菜和番茄都新鮮天然，泡菜入味但不會過度搶戲，辣度調整得非常舒服，能引發食慾又不搶主角風采，甜點類的土司也不只是甜，淡淡的香氣十分可口，就連烤土司的大敵，冷卻後都還仍然保有柔軟的口感。

## 快速調整，虛心接納回饋

柯老闆在事業經營的過程中不斷確認客人的感受，他們總是非常認真的聆聽每一個客人所回饋的意見，這也是為什麼他們能在短短的創業時間內擁有穩定的回流客，回憶起剛開始，連店面都沒有的時期，每一個客人的回應，都是旺春豐重要的參考依據，讓他們能夠調整自己的口味產品，也因為他們的用心，許多客人都是特地從比較遠的地方繞過來買他

們的早餐，也有許多人願意天天吃，即便沒有下廣告，還是有許多人為了這份健康的美味慕名而來。

除了不斷聽取顧客意見，學習調整之外，他們也很感恩，有許多店裡的設備是從其他創業者接收的二手物品，每一個物品都有曾經的故事和經驗，也因為他們誠懇和認真，許多老闆都不吝於與他們二人分享自己的創業故事和經歷，以及自己的想法分享，這些成為了很好的養分，成為他們創業路上披荊斬棘的刀，也有些建議，讓他們能更多反思，更清楚明白自己堅持的信念。曾經他們也自我懷疑，為什麼要使用這麼好的料，成本很高，真的有必要嗎？客人真的會認同，會上門

1.招牌人氣商品雞蛋沙拉 2.招牌人氣商品夏威夷起司 3.花醬火腿起司蛋 4.顧客PO出旺春豐的即時動態 5.人氣商品阿豬起司蛋

嗎？每天早上那麼早起準備，結束回家都已經沒有力氣做其他事情。這些也曾讓他們感到辛苦，但更多時候看到顧客評論，他們因此被激勵，也為此感動不已，顧客給予的溫暖被他們放在心中，成為他們低潮時能繼續堅持的動力來源。

## 至少有人和你吵

提到共同合夥，本身就需要大量的共識和溝通，而彼此的關係又是雙重身分，既是合作夥伴又是男女朋友，免不了在決策過程有大量的爭執和不開心。他們相視一笑，目前店裡幾乎所有結果都是吵架吵出來的，因為兩個人都很有想法，也都高規格的看待店裡每件事，有時候誰也不讓誰，爭吵真的是常態。

但老闆也告訴我們解套的方法，其實彼此都很情緒化，但能把想法表達出來都是好事，兩個人遇到爭吵時會很願意給彼此一點空間和時間，冷靜下來也會思考對方說的話是否有道理，也因此兩個人雖吵架，但吵不散緊密的感情，反而在同甘共苦的過程中更加深了彼此的愛。

女老闆也開玩笑說，兩個人已然成為彼此的支柱，至少還有人跟妳吵！覺得如果是一個人做可能撐不下去。柯老闆一句話「相信我們未來會越來越好」，雖然是短短一句話，飽含著一路走來所有的辛酸、支持、包容，以及對未來的期許與感謝。

## 真誠，就是最好的品牌

創業後，兩個人也有著共同目標，朝著一起的未來前進，他們除了這家店，未來也希望可以有更多的直營分店，柯老闆希望真心喜歡他們的人，也能就近吃到這份健康，而不需要經過大老遠的路程，他們真誠的對待顧客，擔憂顧客安危，也不願顧客遠道而來買到的土司因時間冷卻，變得不那麼味美新鮮。

未來直營分店也會堅持品質，不管男女老少都能吃的天然健康食品，也因為希望顧客可以天天食用，旺春豐的價位也相當親民，對他們而言，真誠是他們希望可以帶來的品牌印象，他們也用著最務實的方法在實踐他們的信念，他們一同牽著彼此，一步一腳印走出的故事。

# #B| 商業模式圖 BMC

## 重要合作

- 食材廠商
- 肉品廠商
- 其他創業家

## 關鍵服務

- 食品販售

## 核心資源

- 料理技術
- 共同合夥人

## 價值主張

- 健康與美味的食品

## 顧客關係

- 有需求的人主動上門
- 網路平台聯繫
- 真誠對待

## 渠道通路

- Google地標
- 網路平台
- 外送平台

## 客戶群體

- 大眾市場
- 吃早餐的人
- 注重健康飲食的人
- 上班族

## 成本結構

人力、食材成本、外送平台成本

## 收益來源

鉄板吐司販賣收益

# #C | 創業 TIP
筆記 ✏️

- 堅持品質，把產品做到最好，並符合市場需求

- 加強CP值，給予顧客物超所值的體驗

- _____
- _____
- _____
- _____
- _____
- _____
- _____
- _____
- _____
- _____
- _____

# #D | 影音專訪 LIVE

# #A

## 浪費時間餐酒館

浪費時間，乍聽之下是個有點奇妙的店名，但稍微想一下就會發現，這個名字十分符合餐酒館的特質，喝酒不外乎希望能夠讓身心靈徹底的放鬆，如果在餐酒館裡還要斤斤計較時間就太不解風情了，這也非常符合老闆張語珊的豪邁個性。

1.4-5.浪費時間小庭院，可愛標語讓你知道這是個舒適沒有壓力的地方 2.張媽媽手打漢堡肉，

## 朋友的聚會，生活就是工作

老闆是個豪氣干雲不輸男人的巾幗英雄，張老闆本身是原住民，酒量很好，直來直往的個性加上喜歡和朋友相聚的感覺，讓她的人緣一直都非常好，在浪費時間之前她也曾開過理髮店，朋友們下班了之後的空閒之餘，也會帶著酒去找她一起放鬆，這讓她有了開店的靈感，讓朋友們有地方相聚，於是她嘗試在台中大里開了浪費時間的前身，酒鬼教室。後來因為店租關係酒鬼教室頂讓以後，她轉到台中市區，而店名改叫浪費時間，也是因為有一次和部落的朋友們喝酒，喝的興起了，她隨口提到，「接下來要去哪裡浪費生命」成了契機，讓她覺得和朋友相聚的時間就是要開心，如果一個人不知道要去哪裡，她也期望她所做得這間店，可以像部落、像每個人的家一樣舒適自在。

## 浪費時間也沒關係，忘記煩憂吧

但老闆也笑道，因為浪費生命太負面了，所以就改口叫浪費時間，念著念著也覺得很順口，在這裡可以盡情做自己，做自己想做的事情，可以放空、滑手機、看影片，也可以和身邊的人一起大哭大笑大鬧，盡情浪費你的時間，而這間店，就如同她本人一般，創造出輕鬆愉快的氛圍，成為了大家喜歡相聚的場所，也因為這樣的信念，浪費時間也沒有設立低消，讓每一個來到這邊的人都能夠真的放輕鬆忘記煩憂。自己就是店裡的招牌，浪費時間不僅沒有低消，目前也沒有特別請公關，老闆說自己的定位並非酒吧，很多原顧也都是自己的朋友，她只希望能夠提供一個好地方讓大家有歸屬感，因為現代，有許多人離鄉背井，自己一個人在外面租房子，有時候也會覺得孤單寂寞，她希望覺得自己沒地方去

的人，還能想到有浪費時間，來這邊有人陪你聊聊天，有酒、有食物、有歡笑

## 開放的胸襟，接納各方的人

老闆總是在各桌和朋友們喝酒，有時候也掏腰包舉辦活動，她大笑說原住民一定要保啤(保力達加啤酒)大賽，客人們玩開了也會自己加碼活動，比誰力氣大、唱歌比賽等等，偶爾也會在店裡看電影、球賽，讓大家可以有不同型態的樂趣，讓店裡的氣氛一直都很熱絡。老闆也從不介意各式各樣的人到店裡，在這方天地中，不管你擁有什麼樣的身分，什麼性向，什麼個性，都可以玩在一起。不介意客人只點一杯水，甚至有時候她還會阻擋客人喝酒，讓他們休息幾天，提醒客人們要照顧身體，玩的時候也參與其中，一起嗨一起跳山地舞，她們的客人真

1.店裡一桌一椅、地板、油漆等等都是張老闆親手打造 3-5.客人在浪費時間的歡樂時光 6-7.張老闆心愛的寶貝女兒，店裡的小招牌

的如同她們的朋友、家人，有的熟客到店裡都已經像走自家廚房一樣，可以自己拿酒杯和酒，是這樣真心的和客人相處，讓客人們也會介紹不同的人到店裡同樂，當然也很常因此從宵夜喝到清晨。浪費時間會一直做下去，張老闆考慮若是租約到期後會換個地點經營，她希望有更大的店面，喜歡有庭院和花園，也讓顧客們可以拍照留念，可以的話還希望有室外舞台和駐唱的樂團，去過澳洲的張老闆非常喜歡這種異國風情，也期待未來能擁有這樣的店，繼續帶給顧客們歡樂和家的感覺。

## 別浪費時間猶豫，
## 時間該浪費在美好與享受

不過能夠建造出這樣氛圍的店面也不是一件容易的事，張老闆回想她決定要做這間店的時候，店租了以後，因為沒有相對應的裝潢，所有的壁紙要自己貼、油漆自己塗、軌道燈的線路也要自己拉、自己動手做，那時和合作夥伴一天都睡不到一兩個小時，維持了快要一個月才全部用完，每天都很疲倦，隨意的趴在桌子上都很容易睡著。即便如此張老闆依然分享，如果有想創業，那就不要等，規劃了以後對自己的想法要有自信，資金、資源，遇到了就會想辦法，在這點上她就特別提到，不要浪費時間等待和恐懼，做就對了。

## 即便不說出口，也能感受到的愛

浪費時間除了酒之外，也有提供私房料理，張老闆想把媽媽的手藝能夠帶到店裡，張媽媽的料理總是很用心，也用高檔的食材，自製的昆布醬油以及手工作的漢堡肉，都讓張老闆驕傲，也因此可以在店裡點到這些外面吃不到的獨家料裡。

交際喝酒唱歌做料理都難不倒她，說到是什麼讓她堅持努力下去，她僅短短的說一切都是為了寶貝，而她的女兒就坐在一旁，開心的唱著歌，玩耍，看著她女兒無憂的臉龐，這是一位母親為了能夠有時間陪伴自己的女兒，所甘願付出的，張老闆不管是對於母親的敬愛或是對女兒的疼惜，沒有說出口的愛溢於言表。

在浪費時間就是一家親，歡聚的時光

# #B  商業模式圖 BMC

 **重要合作**

- 酒商
- 餐飲原料

**關鍵服務**

- 提供餐飲、酒的服務

 **核心資源**

- 投影設備
- 交際特質

**價值主張**

- 提供輕鬆愉快的場所

**顧客關係**

- 像朋友的相處

**渠道通路**

- 社群網站
- 口碑行銷

**客戶群體**

- 喜歡喝酒的客群
- 喜歡熱鬧場所的人

**成本結構**

人力、店租

**收益來源**

商品、服務販售

# #C | 創業 TIP 筆記 ✏️

- 若能讓客戶感受到真誠與真心，她們會為你帶來新的客戶
- 找到你人格特質的長處，並將它發揮出來，使效益最大化

- _____
- _____
- _____
- _____
- _____
- _____
- _____
- _____
- _____
- _____
- _____

# #D | 影音專訪 LIVE 📹

浪費時間餐酒館

SCAN ME

•LIVE ▶

0955-361025

台中市北區中華路二段175巷1-2號

fb.com//浪費時間餐酒館-101657731225826/

1.和夥伴們一起突破困難　2.來訪找伍食的人們　3.店內夥伴合照
4.顧客來到店裡吃得開心，感受到找伍食的用心就是最棒的回饋

在台中市西區的巷弄裡，靜靜的開著一間早午餐店，藍色的主體色調和精心設計的招牌店名，第一眼就給人精緻舒適的感覺，找伍食這間小巧精緻的早午餐店，是8年級生王宇平(Kevin)和他的朋友們組成的團隊，是他們共同努力的結果。

## 行銷人的夢想，
## 從無到有建立品牌

Kevin是個人特質強烈的人，考量到現在的就業市場環境不好，他認為與其投入職場，不如投入創業戰場磨練自己，即便前期很辛苦，至少能夠創造出自己想要的環境，當時幾個朋友一起討論創業，選擇早午餐是對於市場的觀察，認為早午餐在台灣越來越多人接受。而行銷出身的他，也會期待把一個品牌從無做到為人所熟知，這是屬於行銷人的夢想。在綜合評估考量下Kevin組建了自己的團隊，團隊五個人，各自花了時間和心力去考取，西餐、中餐、甜點、飲料調製，彼此分工，並且開始著手找伍食的品牌建立，行銷出身的Kevin在品牌的建構上花了很多的心力，一開始就以長遠的目標考量，主打的客群年齡層較高，上班族或媽媽輩的市場，雖然也有做學生套餐，但Kevin

更看中的是長遠的效益，大家的回訪量，希望吸引到更多是回頭客而不是一次客。找伍食店裡的招牌餐點是松阪豬和炸雞，這兩樣餐點是台中東區泰式料理，洛查理的招牌餐點，Kevin提到還未開店之前就非常喜歡這間泰式料理，也帶過許多朋友去吃過，那時和洛查理的老闆成為很好的朋友，在Kevin決定要開店之後去詢問是否能讓他學習這兩樣餐點，沒想到老闆也很乾脆地把祕方傳授給Kevin，這讓Kevin十分感激，而這兩樣菜單也成為找伍食最有力的武器之一。

## 堅持做麻煩的事，做對的事

店裡的主食大多都有著繁複的做法，肉品、果醬要自己調製、包含蛋餅皮也是自己調製的古早味麵皮，要花更大量的時間和人力在食材的備料，但找伍食希望能夠給顧客的餐點是美味而健康的，最低的標

準是自己罹癌的媽媽也都能食用，才會端給顧客，食物自己經手，配料也避免使用培根、德式香腸這類的加工食品，雖較為清淡，但能吃到食物原始美味，從中感受到找伍食的用心。艱辛的事很多，包含食物的製作比較辛苦、人力訓練上的困難，在創業前許多事情都沒想過，Kevin剛開始也對自己抱持著疑問，以行銷理論出發，畢竟沒有在市場上實作過，每個策略實際執行的每一步，都沒辦法確定一定會發揮效益，他也曾迷惘跟擔憂，但大量的調整和嘗試，以及每一步策略的反饋，都能讓他看到成績。剛開始決定要開店時，Kevin就已經知道必須得做市場區隔，產品和服務要有差異化，起初目標客群設定在上班族，非主打年輕市場，是考量到比較長期發展。但也因此環境衛生上、服務上、食材上都要更

1-3.兼顧美觀和美味的豐富早午餐 4.店內招牌早午餐、炸雞、松阪豬、牛排 5.飲料也不馬虎，照顧每個品牌細節 6.蛋餅皮親手製作，健康美味 7.招牌自創豆漿派，融合傳統作出創新 8.招牌套餐，鮭心似箭

注意，因為長輩們在這些事務上有著更高標準。在地點的選擇上也認真的考察過，創業初期希望格局不要做得太大，能用心顧到每個細節，也貼心的根據目標客群考量到周邊有立體停車場能夠讓顧客使用。擺盤和餐點則是早午餐店容易吸引人的部分，網路世代下臉書、google的評論是他們經營目標。

## 與pos機的奮戰之路，有甘有苦的回憶

Kevin的策略完善，但仍有遇到困難，他一開始很多事情都太理想化、想得太單純，在創業初期的成本計算出了很多問題，因為食材的成本相較一般的店面重很多，一開始都是赤字，後來詢問有經驗的前輩，調整自己的定價策略，才開始有好轉。另外就是帶人及團隊溝通，退讓取捨的部分都要平衡，有時候彼此的堅持不同就需要磨合。也有遇到一些快樂的事情，以及值得懷念的故事，能夠和三五好友一起上下班一起努力的感覺很好，雖然吵架的感覺也很不一樣。剛開店的時候雖然股東們很累，但在店裡過營業時間以後，晚

上八點多會一起來店裡備料，睡在店裡，講一些男孩子們會說的垃圾話和未來想做的事情，這個過程真的體現什麼是同甘共苦，當然現在系統穩健以後就不用再到店裡辛苦備料，但是憶起那時很是快樂。未來找伍食也希望把店裡的核心伍食，「美食、誠實、經濟實惠、食宴、踏實」將這些精神帶給顧客，而已經有長期規劃的Kevin也已經開始下一個佈局，現在的店面穩定後，會開始尋找下一個合適的店面，原址轉做下午茶或甜點，也有開始考量建立自己的中央工廠，能夠讓員工們不必備料的那麼辛苦。而店裡受歡迎的手工果醬和青醬、以及送禮自用兩相宜的豆漿派，都會開始在網路販售，讓喜歡的人可以隨時購買。

Kevin說創業是很現實的事情，每天都要跟pos機戰鬥，計算營收，開始創業前要做好心理準備，可能自己辛苦投入了很多心力，比員工早到店裡比員工晚走，但是前期卻沒有半毛錢入到自己戶頭，另外預備金準備得不夠壓力就會很大，要發薪水、水電、租金等等，Kevin建議如果有完整的計畫，那可以嘗試看看，但不要跟風，因為市場飽和後就會很難競爭，而對Kevin而言能夠扛起這些，是必須要扛起一個家的責任，也為了自己當初建立事業的承諾而堅持。

# #B  商業模式圖 BMC

 **重要合作**

- 食品供應商

 **關鍵服務**

- 特色早午餐

 **核心資源**

- 餐飲技術
- 餐點配方

 **價值主張**

- 美食、誠實、經濟實惠、食宴、踏實的早午餐店，讓人想要一吃再吃的健康美味

 **顧客關係**

- 客戶需要主動尋找

 **渠道通路**

- 部落客
- 臉書專頁
- GOOGLE評論

 **客戶群體**

- 上班族
- 小資族
- 長輩
- 健康要求

**成本結構**

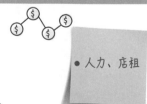

- 人力、店租

**收益來源**

商品、服務販售

# #C | 創業 TIP 筆記 ✎

- 找到自己與市場不同的特色，才有競爭力
- 創業路程無論策略再完美，都會有遺漏的部分，做了之後再修正吧！

- _____
- _____
- _____
- _____
- _____
- _____
- _____
- _____
- _____
- _____
- _____

# #D | 影音專訪 LIVE 📹

找伍食
Find Fifth

04-24710587

臺中市西區向上南路一段112號

fb.com/findfifth/

# #A

哈里歐食品企業有限公司

1.哈里歐咖啡自家の烘焙咖啡豆 2.比利時咖啡壺 3.HARIO手沖濾杯組 4.HORIO手沖壺ST 5.喜愛文化熱愛學習的林先生，傳承與教育是未來他更重要的事

台灣咖啡館的密度位列全球第一，每一種產業都有它的潮起潮落，而咖啡產業的競爭在台灣已是無庸置疑，無論是新的品牌還是舊的品牌都必須要找到自己的差異化與定位，才有機會在台灣市場中佔有一席之地，咖啡產業進入台灣清代光緒時期，在日據時代達到巔峰，因為日本政府的推廣，讓當時台灣成為當時東亞地區第一大的咖啡加工廠，隨著日本政府的離開，台灣沒有足夠成熟的技術而沒落，直到1972年開始日系上島咖啡專賣店進駐台灣，帶動了不同以往的咖啡消費型態，至今為止咖啡的產業仍有不同的業態可以嘗試。

## 45年經歷的咖啡職人

早在全球咖啡熱浪來襲之前，創辦者林榮生先生就已投入咖啡產業，始終如初，一生懸命熱愛咖啡產業的他，從1981年開始創立哈里歐咖啡食品公司，當時已在咖啡餐飲學習一段時間的他，因為老東家的提拔與資源，以及自己足夠的歷練累積，一切自然而然水到渠成，林先生謙虛的說，他是白手起家從零開始了他創業之路，而這一投入就是近半個世紀。了解林先生就像是看著咖啡產業在台灣的興衰歷史，這長期的累積讓他有足夠的經歷，讓自己的企業每一次的進化，幾十年的時間，經過了幾次的品牌再造，直自今時仍能屹立不搖，要歸功於林先生的前瞻而沈穩、以及不斷學習的精神。從咖啡產業在台灣尚未打開市場之時就作為領頭羊帶領咖啡產業，林先生說70年代是很特別的時代，經歷十大建設，新的行業、新的社會階層、外國人士的來台交流，開始新的消費型態和需求，咖啡廳從僅有上流社會能出入的場所走向大眾，模式也從傳統日式轉變，到連鎖企業來台，星巴克的崛起，演變至現今，琳瑯滿目的個性咖啡店和便利商店隨手可得的咖啡已是毫不特別的日常。

## 文化涵養與咖啡的共榮

他提到經營好自己的品牌，市場的差異化他們仍重視給出最好的產品與服務，林先生說差異化就是競爭力，你得找到自己的市場缺口，站穩自己的定位。

企業的經營需要不斷的學習和觀摩，以及一步一腳印的執著於堅持，他為了持續開拓視野，每年都會出國做市場考察，體驗深度的自助旅行，吸收的當然不只有各國家咖啡的市場狀態和變化，還有更多文化層面的薰陶，這些累積下來的底蘊都是使哈里歐咖啡能持續不斷進化的原因，在全球各地所見所聞拿回台灣後，自然在哈里歐底下的品牌都受到這種深度與文化的涵養，最終以品牌特色呈現在顧客、廠商眼前。

1-5.哈里歐法式蔬食咖啡館提供的餐點及飲品,營養健康又好吃 6.哈里歐店面

做了這麼久的咖啡產業,林先生卻從沒想過放棄,他提到咖啡產業讓他不斷學習,而個人的品牌會和企業品牌價值連結,相輔相成成為更好的狀態,他也因為咖啡而豐饒,「讓品牌的價值高於產品的價格」這是林先生所希望給予顧客的品牌意象。

## 從學徒到師傅,世代傳承的培育者

早期哈里歐專營咖啡豆進口烘焙、咖啡機設備、批發及零售,到開闢在台灣的餐飲及家庭銷售通路市場,提供咖啡餐飲教學、店鋪規劃、餐飲顧問、餐飲設計的多元經營,一直以來哈里歐秉持專業、服務、創新的信念讓自己不斷地隨時代演進,經歷這些淬煉,深耕至今林先生已然不是為了賺錢或是自我實現,而是把眼光放到更遠的傳承與教育。

林先生提到,他們早已經開始在做關於餐飲店鋪的整體規劃輔導,包含技術、烘焙、沖泡調製、經營管理、空間設計規劃等等。他升格作為教育者的角色,持續在產業付出,他說過去在職人的傳承中有師徒制,若是可以他也希望找回這樣的精神和模式。林先生認為年輕人想創業很好,但必須得先確定自己為何要做?起心動念為何?也要評估自己是否適合這個產業,必須先要認識自己,林先生提到,現在台灣年輕人許多人很迷惘,他希望作為社會企業,能協助年輕人用正確的方式和心態去看待創業。

理想和夢想是不同的,如果想做的事情沒有結合實際面考量,並且紮實的累積實力和功夫,基礎功不夠穩固很難成就事業,而不去參考這些現實且沒有做出行動的人,夢想終究不會達成,要把夢想變成可實現的理想,最重要的就是一步一腳印的累積和學習,以及心態的調整,除了技術層面的專業以外,學習如何帶領團隊,人際關係的經營與處理等等都很重要,社會資源以人事物構成,因此有許多面向的東西要去探索與了解。

經歷過幾十年的市場變動,還仍能持續保有熱情,正是因為林先生這種踏實、不吝於付出和活到老學到老的精神,才能讓哈里歐在經過經濟環境變化的淬煉仍保有自己的能量與一席之地,而未來林先生也將這樣的精神和具體的作法複製給下一代。

哈里歐法式蔬食咖啡館提供的餐點及飲品,營養健康又好吃

# #B  商業模式圖 BMC

## 重要合作

- 咖啡生豆商
- 餐點原物料廠商
- 器具設備廠商

## 關鍵服務

- 咖啡簡餐
- 餐飲器具設備

## 核心資源

- 咖啡技術
- 經營經驗

## 價值主張

- 堅持品質、專業、服務
- 提供咖啡相關周邊服務
- 企業輔導、專業技術培養

## 顧客關係

- 客戶需要主動尋求協助

## 渠道通路

- 官網、臉書

## 客戶群體

- 大眾市場
- 餐飲創業者
- 對咖啡產業有興趣的人

## 成本結構

水電店租、人力成本、代理費用、咖啡及餐飲原料

## 收益來源

加盟、商品服務提供、顧問費用

# #C 創業 TIP 筆記 ✑

大量接收新資訊，開拓視野，基礎功紮實的學習是成功的不二法門

因應時代趨勢變化調整經營策略，品牌轉型，求新求變才能不被淘汰

---
---
---
---
---
---
---
---
---
---

# #D 影音專訪 LIVE

哈里歐咖啡食品有限公司

• LIVE ▶

04-23254337　台中市西區精誠二十二街33號

https://www.hecto.com.tw/

fb.com/HaliioCafe/

找餐店

#A

憑著「我想開一間店」的這個簡單信念一路創業，找餐店楊翔葦先生，以自己對生命的挑戰和高度的行動力做佳武器。「學妹，我想約你吃找餐」好吃有趣帶有點文青氣息，成功將早餐店獨有的人情溫度和高質感融合，有明確記憶點的找餐店，是屬於楊翔葦先生的連鎖餐飲王國。

1.找餐店高朋滿座，給予客人溫暖舒適的空間 2.找餐店餐點豐富價格便宜，cp值超高 3.宵夜組限定，發霉漢堡，花生尬起司牛肉 4-6.親力親為的小六、門口招牌slogan、店內風格都由小六親自設計打造

早餐對於許多人而言是相當重要的一餐，美好一天的開啟方式，若是享用著煎的香氣四溢的焦脆培根或是手打後煎烤成金黃色澤的漢堡肉，飲料來一杯特選的頂級錫蘭紅茶，加上鮮奶，抑或是一杯咖啡或拿鐵，我想沒有多少人能夠抵抗，而找餐店可以給你的，不只是開啟一天的新方式，還有結束一天的新模式，因為找餐店是台灣連鎖早餐店唯一有做宵夜的早餐品牌。

而這間連鎖早餐的執行長，並非是一位餐飲背景的人，楊翔葦先生（小六）從自己原本擅長的體育領域來到餐飲服務業，而他最初的想法很單純希望能夠有一間小店，並且養活老婆和小孩，沒想到自己的餐飲品牌的版圖會逐漸擴大，至今仍成長中。

18歲正青春年少的時期，大家還在想著大學時期要創造出哪些回憶時，小六已經開始他的事業構想，從小練體育一直都是上台領獎的角色，而這卻沒有讓小六對未來感到安心，他思考在這個少子化的年代，體育教練真的是他想做的嗎？而這個老師數量超越學生許多，以至於產業競爭激烈，那他是否真的要繼續投入在這個產業，思考完後答案是否定的，於是開始另尋出路。為了投入餐飲服務的小六，在正式開店前，花了兩年多的時間去全台灣幾個知名的早餐店學習，了解整個市場以及實作上會遇到的問題，該注意的事項，紮實的學習後，才正式開始創立他的找餐店，取名字為找餐店直白且幽默，讓人立刻有商品的聯想，又有很強的記憶點，如同小六個人特質，直接誠懇帶著自己的想法，他開始做了這間文青感十足，但保留傳統早餐店人情味的「找餐店」

## 學妹，我想約你吃找餐

憑著「我想開一間店」的這個簡單信念一路到現在，小六說，剛開始所有東西都是自己包辦，設計品牌、店內裝潢、菜單設計、店裡的風格等等，能自己做的事情就全部自己處理，因此學會在這個產業的所有knowhow，並且了解基層人員、每個職位的責任義務，以及困難的部分在哪裡，這些都讓日後管理變得更有信服力。

而提到找餐店，就不得不提到他們非常有特色且亮點的文案「學妹，我想約你吃找餐」這句話成為找餐店為人所熟知的文案，另外店裡另一句「上班擺一邊，找餐吃這邊」也十分幽默逗趣，小六對品牌的概念，是從過去工作經驗中得來的，但真正深入瞭解還是從創業開始，當初開店僅想著開一間店可以養活老婆和小孩，但直到現在，擁有自己明確個性的找餐店已有不少分店，這也是當初小六沒有想過的。

1.超人氣必點，岩漿花生蹦啾法式土司 2.從豐原起家，至今持續在擴點，期望能讓找餐店在地化，更貼近市場 3-4.:每個角落都有特色，跟上年輕趨勢，保留人情溫度 5.混凝土加上顯眼的Logo和slogan，有很強的品牌識別

## 我可以餓到但員工不能餓到

小六的品牌做到現階段，開始加盟連鎖，但展店速度和分店數不是小六的主要考量，他在意的是加盟主是否真的賺到錢，小六認為創業是一種社會責任，除了要讓員工吃飽，也要讓加盟他品牌的老闆真的達成他的目標，過去他可能只在乎自己，但現在他認為一個人成功不是成功，要讓品牌成為一個員工、參與者都會感到驕傲的事，若是員工打算離開找餐店了，甚至能讓他們成為讓新的東家也能安心聘請的人才。

而人才不只是專業上，包含心態上，行動上都能夠有相對應的呈現，因為從基層做到現在，小六帶領員工的方式，是以身作則，並且親力親為，如果員工不會就做給他看，對員工管理要瞭解績效，目標達成必須有時間的期限，他是嚴厲的管理者，也是溫暖的教育者，他不怕你學完出去與他競爭，他更在乎待在找午餐的這段時間，員工是否學到了什麼，無論你待多久，他都會讓你帶一些成長離開。

小六無論對內部管理或是對顧客，都希望能推動品牌的在地化與生活化，小六說早餐與所有一切都相關，而早餐店給人的溫度是可以很強的，「溫度」是他們特別在乎的，而這二字包含食材的溫度、人情的溫度。

## 學會做夢但不要做白日夢

小六認為人一定要有夢想，但要怎麼去實現是非常重要的，如果你有500塊不要想著買500萬的東西，但是你可以想想800塊的東西，做夢的能量是很重要的，不要好高騖遠，但也不要只是停在原地。小六會如此了解自己，是因為小六懂得不斷地審視自己，過去的他只會將錯誤的責任歸咎到別人身上，而現在，小六懂得先反思自己是否做的不完美並加以修正。

## 即便再一次選擇，仍然會選擇創業

小六的個性樂於接受挑戰，新的功課丟給他，他就會想要搞懂。創業對小六而言是一段自我學習成長的歷程，很多思考是從創業後才開始，而很多挑戰也是在這段路程中遇見的，而小六也有低潮的時候，低潮時候就找到自己能發洩的管道，對他而言就是運動，甚至最近也想挑戰極限運動，從運動上也可以體現小六的性格就是不斷自我挑戰。

對創業者而言，好奇心、執行力、勇於挑戰、樂於學習，都是非常重要的心態，而小六就是不斷成為更好的人，也把這些心態與想法帶給周圍的人，扛下責任，並且誠心待人，這些都是創業者該有的思維或核心能力，未來找餐店的品牌也將更完善並且不斷創新，展現新的樣貌讓大家更認識這個品牌。

# #B| 商業模式圖 BMC

## 重要合作

- 餐點原物料廠商

## 關鍵服務

- 餐飲服務

## 核心資源

- 品牌建立
- 餐飲技術

## 價值主張

- 讓早餐及宵夜的選擇更多，提供有特色又好吃的早餐讓每一個人感到滿足。

## 顧客關係

- 有需求主動詢問

## 渠道通路

- 臉書、關鍵字

## 客戶群體

- 喜歡吃早餐及宵夜的人

## 成本結構

水電店租、人力成本、原物料

## 收益來源

餐飲服務提供

# #C | 創業 TIP 筆記 ✎

- 瞭解每個職位的責任和困難，以及自己的特質，如何發揮會有最高效益

- 設計出讓人記憶的品牌特色及辨識度，創造市場差異化

- _____
- _____
- _____
- _____
- _____
- _____
- _____
- _____
- _____
- _____
- _____

# #D | 影音專訪 LIVE 📹

找餐店

04-2529 9773

台中市豐原區三豐路一段448號

https://www.facebook.com/find.brunch/

# MaMaFood

1. 店裡用健康原料的食物，做成活潑的店內看板 2.店內用綠色和白色相間的色彩，傳達健康理念 3. MaMaFood菜單 4.店裡的餐點，清爽健康的原食物製作

台灣是個高齡化的社會，隨著社會進步，台灣對於飲食的需求已經不如以往農作時代或是工業時代，作為成熟市場的台灣，每個人對於生活品質的追求都慢慢的提升，健康的產業也在台灣越來越進步，在健身房林立的現在不難看出台灣人對體態和對健康的追求。

隨著營養學的普及，台灣也掀起一股健康飲食炫風，飲食的趨勢也隨著不同的生活型態調整，近年來流行的得舒飲食法、生酮飲食、杜肯飲食法、間歇性斷食、生機飲食等等，雖然飲食的趨勢不斷在轉換，但核心都追尋著幾個方向，減少精緻醣類、劣質油及吃好鹽、攝取高纖食品。

而MaMa Food是從飲食著手，將健康觀念傳遞出去的早餐店，低油低醣的裸食主義，讓大家吃到原食物的美味正是MaMa Food最大的特色，所有的餐點都由創辦者張姵慈一手包辦，用心的製作每一份餐點，就如同一位母親將最好的給予孩子一般，除了餐食，她更希望透過行動將健康的概念傳達給每一個人。

姵慈是一位母親，也是個創業家，在餐飲業之前她曾經覺得自己會在服飾業做一輩子，她賣了二十幾年的衣服，直到勞累的工作和打擊讓她身體出了狀況，才開始對於健康產業有執著，也希望能夠將健康的觀念帶給不同的人。

## 生命無常，
## 每一刻盡力為自己生活

二十幾歲的時候姵慈就進入服飾產業就業，賣衣服讓她感覺到很快樂，姵慈溫暖的特質很能感染到周圍的人，當時賣衣服的老闆也看見了姵慈這個特質，因此讓她入股到自己的事業，原以為可以一起努力打拼，當時的老闆卻因一場車禍離開了人世，對姵慈而言這無疑是一個震驚的消息，也因此年紀輕輕的她就接下了一個事業，也因此成為她創業的經歷路程之一。

姵慈雖然當時並未準備好創業，但她做了這個勇敢的決定要承接服飾品牌，她內心也有不甘於平凡的想法，不想只是當員工一輩子。但因為最初開設公司的人並非姵慈，因此她重新學習如何經營，如何管理，卻還是遇到相當多問題，壓倒駱駝的最後一根稻草是接踵而來的股東問題，也因此被倒了債，為了補上這個缺口，為了自己的生活和理想，她拼了命的努力工作，也是從那個時期開始身體健康值每況愈下，在身心俱疲的狀況下，是她的親妹妹對她的關心讓姵慈看到人生的另一條可以走的路。

## 分享自己的體驗，
## 身體力行傳遞信念

當時妹妹在賀寶芙的直銷產業中努力，也因此學習了許多營養學相關的領域，也是妹妹帶著姵慈一起看到自己的狀況，從那

1. 店內開闊明亮的空間　2. MaMaFood店家外觀　3.店內用綠色和白色相間的色彩，傳達健康理念

時起，姵慈開始調整自己的身心狀態，也在瞭解賀寶芙的過程發現吃東西對人體產生的影響，她開始重視體內環保和健康概念，有感於台灣慢性疾病的增加，她也開始為台灣的飲食環境擔憂，也是從那時候開始她有了信念，決定要把健康的觀念傳遞給身邊的人，讓大家都能更遠離疾病。

她在傳遞知識的面向做了許多努力，更認真的了解健康的觀念，也開始將自己所知所學分享給周圍的人，最剛開始只是幾位志同道合的朋友透過共享空間做健康飲食的主題分享，真正開始決定要開早餐店則是受到女兒的鼓勵，她認為媽媽的觀念很好，應該讓更多人看到，不只是自己的交友圈，而是可以讓更多人受惠，姵慈也認為這是個好機會，不僅可以讓大家更了解飲食習慣與身體健康的關聯，也相信這是未來的趨勢，在女兒的支持下開啟了這個事業。

## 面對困難，讓自己更強大

MaMa Food致力於分享傳遞資訊，當然自身的餐點也都使用原食材，天然不加工，這些原物料許多都是由丈夫和好友所親自種植的，不用擔心有噴灑農藥，姵慈也開玩笑說他們店裡使用的蔬菜是蟲吃剩的，但正因為如此才更能保證入口的食物都是無害於人體，雖然創業初期有很多的挑戰和困難，大多來自身邊的人不看好，認為沒有人在乎，但也在做的過程發現人只要堅持好的信念，就會遇到認同你的人。

透過創業姵慈的生命獲得了新生，也願意將這份愛傳遞給身邊的人，姵慈一生遇到許多貴人，面對困難和挑戰她選擇勇敢面對，她說創業遇到困難都是正常的，遇到的困難越大，代表自己能力越大，如果覺得受困也代表自己力量還不夠，所以知道自己哪裡可以補強，他也鼓勵想創業的人可以趁年輕多做，因為年齡越大就會越有顧慮，如果有夢想就去追尋，不管如何都不會後悔，她也相信很多時候生命會找到自己的出路，所以不用擔心做就對了！

# #B| 商業模式圖 BMC

 **重要合作**

- 原物料廠商
- 食品包裝廠商

 **關鍵服務**

- 健康美味的早餐

 **核心資源**

- 餐飲烹飪

 **價值主張**

- 透過減醣、低油鹽製作餐食，降低慢性病發生的機率，讓健康的觀念可以更普及

 **顧客關係**

- 教育及分享

 **渠道通路**

- 臉書
- 口碑行銷

 **客戶群體**

- 注重養生飲食的人
- 減肥者
- 健身者

 **成本結構**

原物料成本、人力時間成本

 **收益來源**

產品買賣、開放加盟

# #C 創業 TIP 筆記 ✍

- 抓住市場趨勢和機會，不害怕面對困難和挑戰
- 用心每一份餐點製作，堅持對的事情，加強顧客信賴

- _____
- _____
- _____
- _____
- _____
- _____
- _____
- _____
- _____
- _____

# #D 影音專訪 LIVE 📹

MaMa Food

• LIVE ▶

0914 - 235679　台中市豐陽路60號

fb.com/MAMA-FOOD-早餐減醣更健康

-109390190637544/

優膳糧

根據商業發展研究院統計，2015年台灣健康產業總產值，高達1,629億新台幣，其中以「健康飲食」相關產業最為搶手，達到601億元，更多人開始注重健康飲食。對於台灣走向高齡化社會，飲食與健康的關係更加被重視，尤其在台灣，糖尿病人口高達一百多萬人，是前十大死因之一，台大生化科技系畢業的張煥基執行長就看見了這個痛點，找到商機，也改變了病友的飲食生活。

1. uMeal Bistro 專為上班族打造的週末心動夜 2.uMEAT舒肥即食肉品 3.外帶菜單

## 有能者，該創造更多價值

uMeal優膳糧的執行長張煥基，從自己姑姑的生病歷程得到關於醫療飲食的啟發，姑姑在生病中最大的折磨之一，就是依循醫護人員建議的餐點進食，這對於喜愛美食的人是一種煎熬，但若是無法戰勝口腹之慾就會讓病情更加惡化。這過程的印象留在張煥基心中，成為他創業選擇方向的參考依據之一，創立uMeal優膳糧用科學和數據分析，結合專業的廚師及營養師，成就健康又美味的餐點。張煥基從大學開始就以行動關心社會，大一參與和平志工的活動到東帝汶當地服務，當時的他在東帝汶看到了因國籍爭執的人，這讓他體悟到許多書籍描繪的衝突是真實存在的，也在他心中烙印下強烈的畫面。當天晚上不同國籍的志工睡前聚在一起聊未來想做的事情，當時的張煥基就萌芽了這樣的想法「希望能夠靠商業或政治改變社會的問題。」

之後開始思考自己的專業能做什麼，當時有著滿腔熱血，投入生化科技，是考量當年生化科技的相關產業準備要起飛，讓自己累積專業會有更好的機會，但就讀期間張煥基就敏銳的觀察到社會環境還沒有準備好這個產業，未來可能不如預期，許多人開始思考出路，張煥基也一樣，當時嘗試更多不同的路徑，跨領域等等，也開始學習創業相關的內容，當時台大也正要啟動針對創業的孵育基地。

張煥基開始學習創業相關的領域，參加台大創創中心所設立學程的過程，有一個四天三夜的一個營隊，當時擔任臺大創意創業學程主任兼臺大副研發長兼電資學院副院長陳良基先生的行動以及分享的價值觀和想法，都影響到張煥基對於價值的認同觀點，當時即便事務繁忙，陳良基先生仍然把自己放在一

個小隊理面，和大家一起參與四天三夜的活動，實際行動影響青年學子的心態和思維，他也分享觀點，希望學術圈象牙塔跟醫界象牙塔的人能夠走出來和業界一起合作，如果有本事就應該去創造更多價值，這些都讓張煥基看到格局和氣度。大四時期真的投入到創業，參加海峽兩岸的創業比賽也獲得了冠軍，當時的團隊中成員都是台大創創中心出來，許多報章媒體爭相採訪。當時他們也成為台大開始輔導創業時一個指標性的團隊，張煥基也想過直接投入開啟自己的事業。但因為本身的宗教信仰而選擇先去當兵，並且留在台灣傳道兩年，服務完成以後張煥基仍心繫創業的事，才開始投入現在的產業。

1.uMeal民生店室內　2.uMeal民生店門面　3.法式雜菜堡　4.西班牙冬菇烘蛋　5-8信義誠品首場粉絲見面會

## 讓健康生活輕而易舉

創業初期張煥基想解決的事情，是醫療問題，本來想從資訊軟體的專業切入，改善醫療的效率，提前有數據可以觀測身體狀況，但在經歷過姑姑的病程，發現了關於病友對於醫療食品的接受度不夠，導致許多併發症的產生，就算真能忍住美食當前的慾望，也活得不快樂，當時張煥基就認為，他們是低科技發明家，如果可以解決問題不一定要用高科技。決定方向時他也做市場調查，發現癌症、高血壓、糖尿病患者一生病就好像注定與美食絕緣，張煥基希望能讓他們繼續吃到美食。選定針對醫療飲食和糖尿病，能夠同時面向大眾市場，主打低醣高蛋白，食材上使用不同口味的層次，口感不同的搭配，熱量及六大類食物的均衡，保留原食物的甜感和美味，降低使用添加物的調味方式。

除了病友，想要增肌減脂的健身者，或是注重身材及健康的上班族，都能食用，透過專業的營養師分析計算，有足夠的專業知識背書，給予消費者有效控制血糖，健康無毒，且好吃的餐點。

## 建立系統站穩根基，擴大版圖

張煥基第一個遇到的困難就是整合營養師與廚師，兩方在各自的專業上都有想法，而他們的產品需要雙邊溝通，且面對知識密集的夥伴與勞力密集的夥伴帶領方法和溝通都是不一樣的。他認為團隊必須能夠健康的衝突，因此在溝通上下功夫，他也提到經營公司，最好的狀態是每一個角色都能被取代，包含老闆，這樣才能夠抽身去作更有價值的事情。

uMeal目前已經直營五家店，為了連鎖的準備，他們期望做到更好的系統和內部規劃，也已經預計2023年開放加盟，在那之前讓自己成為更好的品牌，更好的加盟體系總部。長遠的計劃期望可以服務更多病友，用月子餐的模式服務癌症或是腎臟病的患者，且讓uMeal走到國際化的經營。

# #B 商業模式圖 BMC

## 重要合作

- 物流宅配
- 食材廠商

## 關鍵服務

- 控醣餐點

## 核心資源

- 生化科技專業廚師、營養師專業人員

## 價值主張

- 透過專業營養師、首席廚師的專業背景，給予想健康飲食的朋友美味的食物

## 顧客關係

- 需要主動詢問

## 渠道通路

- 臉書專頁
- 報章雜誌
- 新聞媒體

## 客戶群體

- 糖尿病友
- 健身者
- 減肥者
- 注重健康飲食的人

## 成本結構

水電店租、人力成本、原物料

## 收益來源

- 餐飲服務提供

# #C | 創業 TIP 筆記 ✎

- 用心生活體驗，培養判斷力，學習累積自己對藍海市場的敏銳度
- 學會資源整合，且發揮自己最大優勢

- _____
- _____
- _____
- _____
- _____
- _____
- _____
- _____
- _____
- _____
- _____

# #D | 影音專訪 LIVE 📹

uMeal
優膳糧

02-8780 8026

台北市信義區吳興街51號1樓

umeal.cc/zh_TW/

# #A

霸氣螃蟹海鮮粥

一個人獨享整隻完整的螃蟹再加上滿滿新鮮海鮮配料，豐富的內容讓人難以置信，高CP值的料理，光是拍照上的視覺效果就已經讓人口水直流，確實是非常的霸氣，從店的名稱就看得出來，他們看似浮誇但其實很實在，誠意滿滿，就是要讓大家吃到最好的海鮮粥，讓消費者享受到高度的滿足。

1.持續展店中，台中市區也吃的到，台中市北區漢口路四段35號
2.堅持用最平實的價格讓消費者吃到最優質的海鮮粥品

## 興趣的結合，從熱情到專業

霸氣螃蟹海鮮粥的經理陳昱宏，從小就在小吃店的環境長大，母親在老闆4歲時就開始賣鍋燒麵，從小看著家裡的生意，也學會如何處理食材，如何料理，自己也培養對於餐飲的興趣，而陳昱宏受到家中影響，也一直認為自己會走向創業的方向，只是在海鮮粥的創業前並沒有特別限定產業目標。

真正開始創業的契機來自於陳昱宏的朋友們，陳昱宏喜歡釣魚，也有許多同樣興趣的同好，有一次同好們送了幾隻螃蟹給他，在一次偶然的朋友聚會，陳昱宏突然心血來潮決定用螃蟹做點吃點給大家分享，當時就用現有的食材煮了螃蟹粥，就如同現在霸氣螃蟹海鮮粥菜單上的照片，一整隻螃蟹橘紅的身影霸氣占滿整個碗，還沒開吃就已經是視覺饗宴，朋友們當然也不會放過這個打卡分享的機會。

## 說到做到，一週開賣一粥

拍照上傳到社群不到幾分鐘的時間，許多人朋友私訊詢問哪裡有賣，當時陳昱宏還在收拾餐後的環境，就被一群朋友拱著出來賣粥，沒想到這看似兄弟間的打鬧卻因此成真，當時陳昱宏承諾一週後開始營業，而他沒有發現他將要面對第一個難題，當時是2月24號，本來計算好扣除掉店裡已經有的器材和資源，他每一天分配好要做的菜單、招牌、餐桌椅、食材、冰箱、器具等等，可以在一週後開店，卻忘記228連假許多商家都沒有營業，他只好把所有事情壓在最後兩天完成。

所幸最後還是成功在時間內開賣了，因為創立的過程已經先走過市場驗證，因此市場接受度是肯定的，而霸氣螃蟹海鮮粥，為全台第一間，把整隻花蟹放進碗裡的特色，也成功吸引到電視媒體的採訪，為他

們打開了剛開始的知名度。霸氣螃蟹海鮮粥不只是名氣大，陳昱宏也很在乎粥的品質，喜愛釣魚讓他對海鮮食材有足夠的瞭解，他堅持要用更好的食材，也堅持不放任何的火鍋料，僅用花枝、魚皮、赤嘴、蛤蜊、貢丸、帆立貝這些海鮮入粥，幾乎不需要另外熬湯，光是這些食材就能夠煮出最鮮甜的湯頭。霸氣螃蟹海鮮粥慢慢越來越成功，營業的時間也從深夜慢慢提早到八點開始，當時和母親共用攤位，營業的時段改越早，這舉動也間接讓母親決定退休，而台中大里的宵夜，也多了一間讓饕客讚不絕口的美食能夠選擇，現在在台中北區也開了直營分店，讓市區的人也能夠吃到這麼棒的美食，營業時間也調整從晚餐時段開始，讓更多人可以享受到高品質的美味。

1.一開店便高朋滿座 2.店內主打招牌，一人獨享螃蟹海鮮粥$270 3.霸氣神仙打架海鮮粥
4.超霸氣隱藏版料理，左下$270元 右下$190元 5.陳昱宏說越簡單的事情越要用心做 6.從
選材到料理都不馬虎的經理陳昱宏

## 創造共好，創造價值

創業一路上看似很容易，但陳昱宏在過程中的調整和學習，都是一般人看不見的努力，他也大方分享，創業一定要注意無形成本，例如食材的浮動價格就對他們造成多的成本支出，一開始不懂時，覺得海鮮一斤漲個五塊十塊沒有關係，但精算下來才知道，這有可能會讓你賺不到錢或賠錢。另外第一次請員工的時候他比面試者還緊張，從沒有過人資經驗的他，也體會到如何看人，帶人，管理，培育，都是在經營的過程中學習摸索出來的，一直到後來決定展店，也都是不斷學習新的東西。

即便如此，陳昱宏仍決定要更擴張版圖，他也鼓勵自己的員工創業，因為他自己走過，才發現這件事情真的不容易，如果可以他也希望能夠幫助更多人成功，擁有更好的生活品質達成夢想。他規劃在總店培育更多餐飲人才，要能夠控管內外場，一心多用且照顧到工作夥伴，能夠一人獨當一面，在有意願的前提開放直營店面的經營權利，讓他們能自己擁有自己的店面。展店同時也能保持霸氣螃蟹海鮮粥的品牌的品質及穩定度，未來輔導更多員工成為老闆，而對品牌則期待未來霸氣螃蟹海鮮粥能成為粥界的麥當勞。陳昱宏期待大家都能夠從中得到自己想要的東西，他也期待霸氣螃蟹海鮮粥穩定以後，他未來也將持續創業，做其他也跟海鮮相關的品牌，創造更多價值。陳昱宏相信，要成功就要有不屈不饒的精神，擁有草根精神，永遠不會被挫折打敗而倒下。

# #B | 商業模式圖 BMC

## 重要合作

- 食品廠商

## 關鍵服務

- 美味海鮮粥

## 核心資源

- 料理技術
- 海鮮食材的專業度

## 價值主張

- 高CP值的美味料理讓消夜時段有更不同的選擇

## 顧客關係

- 顧客需求自動上門

## 渠道通路

- 部落格
- 電視媒體
- 臉書專頁

## 客戶群體

- 夜貓族群喜愛海鮮的人

## 成本結構

店租、人力成本、教育訓練、食材

## 收益來源

商品買賣

# #C | 創業 TIP 筆記

- 學會整合資源，降低初期成本
- 勇敢去做，快速行動快速調整
- 
- 
- 
- 
- 
- 
- 
- 
- 
- 
- 
- 

# #D | 影音專訪 LIVE

**霸氣螃蟹海鮮粥**
**大里店**

• LIVE ▶

04-2483 5834

台中市大里區益民路二段4號

fb.com/barchi88/

# 紫皇百香果

紫皇百香果的合夥創辦人陳有章，決定要做一件事就會全心投入，要做就要做到最好，創業過程保留著一份對土地的溫暖，將這份情感注入到農地中，結出美好的果實。

1-2.百香果收成　3.無毒有機農場，是未來大家重視的一塊市場　4.友善環境且健康自然的有機無毒的果園

在創辦紫皇百香果之前的二十餘年，陳大哥一直從事銷售工作，賣的東西形形色色從實體通路到網路，在還沒有品牌的概念時，就已經協助許多商品的推行。雖然對陳大哥來說將商品銷售出去相當有成就感，但在這幾十年的銷售生涯中他也發現，無論商品賣得多少，都不是自己的商品，也不會被記得，現在資訊傳遞十分快速，新的商品上架不到幾天的時間，銷售的模式就會被模仿走，當模式被學走以後，商品就走向衰亡。

## 轉戰農業，開啟新生活

考量到更長遠的生計，以及瞭解到環境只會隨著時間改變的更快，資訊越來越快速且透明，因此陳大哥決定要尋找自己的商品，而很幸運在約莫六、七年前就有共同合夥人找他一起創業打拼，當時雖然沒有大紅大紫，但也積累了多次在不同領域創業的經驗。

在兩年前再次嘗試創業，就是接手農場，並且開始試著種植自己喜愛，且營養價值豐富的百香果，剛開始會設定種植百香果，也考量到百香果不需要冷藏或冷凍，容易寄送，也可以超商取貨，好處理的特性也成為了陳大哥的品牌建構首選。

決定要發展百香果的事業後，陳大哥積極的參與農業座談會、交流會，讓自己學習更多的種植經驗，聽取許多前輩們的想法，過程中融合自己的意見，陳大哥因為本身非農民出身，跨領域到農業發展，因此更認真的投入每一次的研究機會，但也同時保有彈性能夠用不同的思維去面對農業一直以來有的各種問題。

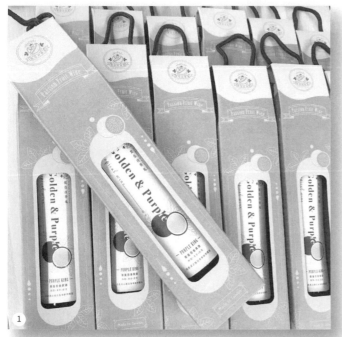

1-2.百香果釀造酒，純天然的美味，精緻包裝適合自用也可送禮  3.直接和銷售通路合作，省下盤商收購的成本回饋給消費者 4.百香果收成 5.香果釀造酒，純天然的美味，精緻包裝適合自用也可送禮

## 面對問題，將困境化為新武器

而創業過程也遇到許多預期外的事，百香果的特性是非常容易掉果，噴灑農藥的安全用藥時間難以掌控，因此百香果一直是最容易有農藥殘留，或者農藥超標問題的水果。而紫皇百香果選擇全程不噴灑農藥、也不使用化肥、除草劑，甚至連灌溉水都是採用負離子過濾水，用最高等級的無毒種植，不但消費者都可以100%安心，同時也保留了最完整、最豐富的營養價值。

農業是看天吃飯的行業，如果遇到老天不賞臉，就沒飯吃。陳大哥曾經遇到連續十幾天大雨不停，當時戶外整區的植栽全部死亡了，不僅僅一整年的投資與心血全部付諸流水，還要花時間、花經費去做清園、清運的整理工作。此外，也遇過另一區的花果也因為堅持無毒種植，不噴灑農藥，遇上病毒的感染與散播，當時那批百香果全成了畸形果，因為外型不佳而無法銷售，但生物本能卻讓那批百香果擁有更豐富的營養價值，切開來的百香果肉、果汁扎實飽滿、口感豐富多層次，當時陳大哥轉念一想，不如開發一些百

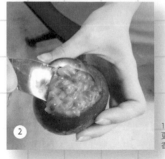

1 參觀果園親近大自然 2 滿滿沒有空隙，且更香甜的畸形百香果 3.瞭解果農的理念與百香果生長生態

香果製成的水果酒、冰淇淋等周邊商品。這一個轉念，催生了獨一無二的優質的百香果冰淇淋，以及純天然釀造濃郁香甜的百香果酒，也為自己的事業開拓出不同的領域。

## 大紅大紫，保留營養價值的超級水果

堅持無毒並且每季自主檢驗，讓顧客能安心入口每一份食物，其實並非一件容易的事，這意味著要全年無休的用心照顧農地，人可以休息，但蟲和雜草可不會休假，堅持無毒就必須耗費更重的人力成本，但陳大哥仍希望消費者可以用更優惠的價格吃到健康，因此也自己架設網站，自己經營銷售管道，保有利潤的同時也能夠確保產品品質及消費者權益。

堅持做對的事情慢慢也會開花結果，雖然辛苦，但從各方來的回饋卻也給陳大哥很大的鼓勵。合作的釀酒老闆在釀造過程十分驚訝，說自己從來沒有釀過這麼香的酒，也從顧客的笑容與回饋中得到滿溢的滿足感。百香果是現代人最需要的水果，除了有極高含量的維生素A、C、膳食纖維等等，更擁有生物類黃酮、胺基酸、礦物質等等高達160種以上的綜合營養素，透過良好的種植方式，能夠保留最多的營養。園區也相當歡迎機關團體、社團組織、學校單位、家庭聯誼等等預約參觀，陳大哥樂於分享農園的理念與經驗，而且全部不收取入園費用喔！

把每一個危機轉換成全新的機會，將劣勢轉化成優勢：無論是本身非農藥出身的背景，變成跳脫傳統慣行農法的限制；抑或是畸形果變成誘人香甜的百香果酒，過程中遇到的每個困境，陳大哥都保持他的樂觀，並且想辦法解決事情，這是身為創業者最需要的核心能力之一，讓自己擁有應變能力！

# #B | 商業模式圖 BMC

## 重要合作

- 釀酒廠
  冰淇淋製造商

## 關鍵服務

- 無毒百香果
- 百香果製成產品

## 核心資源

- 種植技術
- 自產自銷的能力

## 價值主張

- 全程無使用農藥、無使用化肥、無使用除草劑，連灌溉水都是採用過濾水，保留最高營養價值的水果，讓人吃的安心、吃得健康

## 顧客關係

- 透過社群互動

## 渠道通路

- 臉書
- 銷售業

## 客戶群體

- 喜歡百香果的人
- 注重健康的人
- 支持無毒農業的人
- 使用新鮮水果的冰店、飲料店

## 成本結構

人事費用、檢驗費用、商品開發

## 收益來源

- 商品賣出收入

# #C | 創業 TIP
## 筆記 ✎

- 保持解決問題的能力，將危機化為轉機
- 瞭解農業市場狀況，提升自己銷售能力，降低成本
- _____
- _____
- _____
- _____
- _____
- _____
- _____
- _____
- _____
- _____
- _____
- _____

# #D | 影音專訪 LIVE

紫皇百香果

04-26837683

台中市外埔區甲后路三段792巷底

https://www.greenway.com.tw/

# AirBNB  BMC(範例)

##  重要合作

- 主客方
  (出租場地者)
- 賓客(租借場地者)
- 攝影師(自由業者)
- 資方
- 付款處理方

##  關鍵服務

- 產品研發管理
  建構、經營主客方互聯網
  設立旅客間網路、管理賓客

##  核心資源

- 當地主客方
- 技術人員
- 科技技術

##  價值主張

- 於主客方：
  -可透過租借場地獲得金錢
  -享有Airbnb保險服務
  -免費提供物業清單專業攝像
- 於賓客方：
  -賓客方可租借自有住宅替代旅館
  -價錢通常低於旅館住宿費

##  顧客關係

- 顧客服務
- 社群媒體
- 促銷優惠
- 火災保險

## 渠道通路

- 網站
- 安卓版手機應用程式
- iOS版手機應用程式

## 客戶群體

- 主客方：
  -自有住宅並想賺取額外收入族群
  -樂於結識新朋友族群
- 賓客方：
  -喜愛旅遊族群
  -想以低廉價位住得舒適族群

## 成本結構

- 技術配備設置、營運成本，職員薪資成本
  自由攝影業者費用

## 收益來源

- 主客方出租場地之傭金
- 賓客方租借場地之傭金

# 我創業，我獨角(練習)

設計用於 _____ 設計人 _____ 日期 _____ 版本 _____

| 重要合作 | 關鍵服務 | 價值主張 | 顧客關係 | 客戶群體 |
|---|---|---|---|---|

核心資源

渠道通路

成本結構

收益來源

Chapter 4

# #A

## 必可企業募資

BZNK
必可企業募資

Bznk必可企業募資，是一個借貸媒合平台，專門協助中小企業在資金周轉上的問題，讓社會大眾投資人有機會在幫助中小企業的同時，也能獲取應得的報酬。Bznk必可企業募資的開始，源自於兩位看到了中小企業困境的年輕人，他們是Bznk的執行長林滄億及營運長林彥君。

1.Bznk必可企業募資參加Meet Taipei 創新創業嘉年華，左一營運長林彥君，中WHO'S CALL創辦人，右一執行長林滄億 2.展覽-金融科技展與幣託執行長合影 3.台大創創年會 4.金融科技展演講

## 看見中小企業痛點的市場眼光

林滄億在成立Bznk必可企業募資之前就職於金融業近十年的時間，在貸款部門看過大大小小的案件。他發現，銀行無法滿足許多中小企業的需求，當企業主手上的應收帳款未到期之前，經常需要為了資金週轉而煩惱。但因為金額不夠大、週期又短，銀行端不太受理這樣的貸款申辦。林滄億看見了這個需求，因此多次和從小一起長大的堂弟探討這個議題，而家中背景也是中小企業的林彥君以自身經歷提供意見，兩人則以不同視角，認定了這就是被社會需要的價值。對兩人而言，創業也是人生中更具挑戰的選項，因此，決定一起出來，嘗試以這個全新的商業模式來創業。

## 突破限制與框架，創造新金融模式

然而，創業並非容易的事情，尤其Bznk必可企業募資又是金融科技產業，起步相當困難。第一年，大多在瞭解其運作模式是否符合法律規範。兩人並非法律背景，但為了達成目標，光研議及解決 P2P 服務觸及的法律細節就花了一年的時間。在這期間，Bznk和金融監督管理委員會也開了將近十次的會議，終於在確立營運方式已合乎法規後，平台在2017年正式上線。過了這一關，後面的挑戰才要開始，在創新金融觀念還不普及、品牌也尚未被認識之前，他們經常被質疑是否為詐騙和高利貸。一開始林滄億更沒有太多資本，所組建的推廣團隊也面對著同樣的瓶頸，一方面企業主還不認識Bznk必可企業募資，二方面，即便企業主們願意信任且交由Bznk必可來進行資金籌募，卻又時常要面對投資人不足，資金無法到位的窘境。

## 抓準時機，跟上趨勢乘風起飛

但創業的路上並不孤單，每次在陷入極度困境的時後，總會遇到貴人相助。當時因為堂兄弟倆都是中正大學的校友，而大學教授在他們陷入谷底的時候，卻仍然相當支持他們的理念，更給予前往課堂及各單位演講及簡報的機會。他們能做的，就是盡力地把每一場演說做到最好，因為他們始終相信「Bznk必可企業募資」的理念及價值，值得分享給大家。經過一場又一場的演講，慢慢的，平台終於被認識與接受。公司創立至今四年，團隊成員也增加到了13人。整個創業歷程中，兩人也善於運用外部資源，如參與台大創創中心，讓台大創創加速器協助進行市場驗證、進駐政府推動的金融科技園區FinTechSpace以及中正大學成立的創新創業基

1.同業自律規範記者會 2.高科大演講 3.高雄智高點演4.遠東銀行合作 5.AWS板橋智慧金融論壇 6.中正大學-EMBA分享 7.展覽-金融科技展與幣託執行長合影

地。或許是天時加上地利，政府所投入的金融科技發展計劃，正好與Bznk必可企業募資的方向一致，後續Bznk所獲得的金融總會投資補助，終於能讓公司擁有更多的資源來投入行銷推展及平台的資訊升級，逐漸的，事業才得以起步。Bznk必可企業募資目前每個月的媒合金額為四千多萬，總媒合金額也突破了八億新台幣，營收也逐漸趨於穩定，對於將來的企業發展，更有著清晰的藍圖。能做到現在的基礎規模，正是因為他們對於市場需求的獨特眼光、在對的時間趕上趨勢，以及他們不忘初衷對實踐理想的堅持。台灣的中小企業占全國企業總數的96.7%，而其中的87% 約莫一百多萬家企業無法取銀行的服務，在沒有資源的情況下，他們就必須到民間金融進行借貸，因此，企業們在經營公司的同時，還要面臨高借貸成本的壓力。兩人看見了企業間長期所面對的困難，期許自己能夠協助中小企業在資金運作的問題上，得到更好的解決方案。於是，公司從應收帳款的業務開始，讓企業們運用票據貼現取得更低利的資金來發展事業，在替中小企業和投資人進行媒合的同時，讓社會大眾有機會付出行動，在投資及協助企業的營運發展過程，也能得到合理的報酬，這良性的循環也代表了穩定了更廣大的就業市場。

而企業募資的部分，主要是在協助成長型的公司，使其接到大公司案件或穩定客戶群，一但商業模式評估可行，就能透過債權的方式和社會大眾募資。而應該如何清償，要付出多少報酬在平台上皆一目瞭然，也讓投資人得到最完整的資訊。銀行和平台的業務是相同的，差別就在於銀行需要自己扛風險，利差就讓銀行自己賺。而平台的風險和利潤都是社會大眾自己評估，因此讓會員了解風險在哪裡、如何分散風險，所提供的資訊就很重要。

## 媒合平台，放大每個角色的價值

在國內做金融服務要得到相當高的信任基礎，目前Bznk會員數達到了13,000多人，雖然平台最低投資金額是一千元，但投入百萬以上的投資人也有很多。對於最基本的保障和條件，平台也必須把控，最重要的就是審核企業的真實性，無論是不動產、創業募資計劃、應收帳款是否為真，以必須符合最基本的評估標準，盡可能降低大眾投資人的風險，Bznk必可也與遠東商銀Bankee合作，由銀行方提供資金保管、金流與備償帳戶服務，大大提高平台雙方的使用者的便利性與安全度。現階段Bznk必可企業募資致力於建立自己的「樹苗信用」，用200多個變數來給予一個案件基本的評分。加入了新聞資料探勘、社群搜索等相關數據，透過智慧學習和人工調整，讓樹苗信用的判斷，依據不同的級別做利率的調整，並嚴格控管違約率，謹慎把關平台的案件品質。而林滄億和林彥君，希望全台灣有更多的企業主和投資人都可以運用這個平台來獲得幫助與創造金錢的價值。也希望在未來的平台機制內加入全自動化，AI影像辨識、區塊鏈等應用，讓平台的安全性更高，能做到的事情也更廣泛，但前提是Bznk必可要更加茁壯，大家都善用這個平台，才能建立出完整的金融生態圈。他們給自己定位是新金融顧問，創造非凡價值，讓中小企業被社會大眾看見，也讓錢變得更有價值。

# #B 商業模式圖 BMC

### 重要合作

- 安正國際法律事務所
- 遠東商銀
- Bankee
- 金融科技創新園區
- Stockfeel
- bitopro

### 關鍵服務

- 資金與投資媒合

### 核心資源

- 金融科技專利
- 專業顧問
- 樹苗信用系統

### 價值主張

- Bznk期許運用金融科技的協助能落實「普惠金融」Bznk平台期望與傳統銀行金融業攜手共進，滿足銀行受限於法規限制與作業流程無法快速彈性服務的客群

### 顧客關係

- 媒合需求與價值

### 渠道通路

- 官網
- 臉書、IG社群

### 客戶群體

- 投資者
- 中小企業
- 新創團隊

### 成本結構

- 開發研究成本、店面、人事成本

### 收益來源

- 商品買賣

# #C | 創業 TIP 筆記 ✍️

- 深度了解市場狀況, 抓到需求及痛點
- 運用所有可行的資源, 擁有面對解決困難的能力

_____
_____
_____
_____
_____
_____
_____
_____
_____

### 支持者留言

機會是留給敢挑戰的人
———— 邱吉爾 先生

# #D | 影音專訪 LIVE 📹

Bznk
必可企業募資

05-3106240
台北市中正區南海路1號13樓
https://bznk.com/

# #A

治緯不動產估價師事務所

不動產是國家經濟發展的重要指標。範圍包括金融、營造、建材、不動產經紀業、事務所等，相關地產業和延伸商品也相當多元，而處理不動產商品、稅務等工作都有相對應地規範，因此在不動產的產業中要能夠處理相關法規、登記、分析和估價等等都必須要過國家考試，擁有證照才能處理相關的專業問題。

治緯不動產估價師事務所林筱涵估價師，在走進這個產業之前學習的是資訊工程，畢業前筱涵就開始思考自己未來地方向，她充分了解自己的個性需要更大的彈性空間，並且擁有自己的選擇權，認為自己不適合在大公司，明顯的上下階級並非她所喜歡的生活，因此決定要往創業地路線，對於筱涵而言她也不設限自己要往哪個產業，因此她開始思考更長遠地未來，也開始盤點自己手中有哪些資源可以運用。

## 掌握人生節奏，開創自己的事業

筱涵家中是事務所，也因此她從小多多少少都接觸到關於不動產的資訊，考量到每一個人到了人生地後半段，有一點資金之後就會選擇投資，投資標的不外乎就是不動產或是金融，思考到市場一定會有這方面地需求後，筱涵決心要投入這個產業，並且

認為要做就要做到更專業，筱涵到了澳洲雪梨進修相關地專業，也將不動產經紀人、不動產估價師、地政士、這些證照考到，她也投身到業界和公職單位工作過，這些工作的時間讓她了解更多商品和市場機制。選擇估價師這個面向是因為競爭相對少，不動產的相關工作者比較少人往這個路線，筱涵認為有相對的優勢，也期望自己在不動產的領域中，可以處理每個不同的面向。治緯不動產估價師事務所能夠受理地範圍不單只是估價，舉凡相關財產、稅務、買賣、繼承、贈與問題都能夠處理，綜合性地服務是治緯不動產事務所地優勢。

而未來也希望能走向整合性的服務或是顧問諮詢，因此前期學習接觸每個面向地產業，也是為了在未來可以給出更好地建議，一方面也因為在創業前有在業界先歷練過，因此筱涵比較能了解這個產業中每個階段會遇到的問題和每個不同位置地人在思考地事務。

而筱涵創業到現在接近快三年地時間，事業慢慢穩定且趨於成熟，在剛開始只有自己的時候，全部的事情都只能獨自面對負責，那時候身兼多職，沒有人與筱涵分攤事物。也遇到許多瓶頸，剛開始因為自己做，要擴編人員的時候也不知道如何帶領和系統化，得了解如何讓員工有效學習，因此也重新學習相關的能力。

## 了解產業優勢，
## 將資源投注在對的地方

在事務所的創業上相對成本較低，只要能有辦公室和電腦就能處理很多事情，沒有太多硬體設備或技術上開發軟體的需求，因此也占有一些優勢，而筱涵也希望能夠將省下

來的成本可以回饋給員工，也希望透過公司資源可以給員工們更多得學習和成長的空間。

筱涵認為有很多有趣的事情都會發生在早上或下午，例如有些講座課程都會在下午舉辦，這也是自己創業以後，時間能夠自己安排才發現的，因此如果筱涵有看到適合學習的講座、課程，也都會帶著團隊成員一起去聽，也不排斥聘僱應屆畢業的學生，認為有想法都可以提出來相互討論。

## 為他人排解煩憂，
## 成就他人也成就自己

對於不動產業或是財產糾紛，是一個平常不會特別意識到，但遇到的時候就很需要公正的第三者來協助處理，對於動輒百萬、千萬的標的，無論對於個人或是公司來說都是很掛心的事情，因此可以協助顧客解決問題的話，那就是筱涵最大的

成就感，對她而言她也很樂意協助更多，通常來找到她的顧客不一定單純處理一個部分，也同時會處理不同面向的案件，如果可以幫顧客分憂，那對整個社會都是好事。

筱涵同時也有在兼任課程講座，認為應該要去傳遞更多關於不動產相關的專業知識，希望透過教育的行為讓大家更了解買賣、租賃或是每一件財產和人的關係，過程產生的許多問題，如何能夠處理圓滿，她也希望大家都能夠去找到可以信任的、專業的諮詢顧問或是事務所來協助，她認為這樣也能降低社會問題，減少許多糾紛。

筱涵是個樂於協助他人解決問題的人，她也希望未來在各個面向都能夠為大眾服務，因此治緯不動產估價師事務所不僅僅只是估價業務，未來在每個部份專業分工後，能處理到不動產相關的所有面向，漸漸走向更全面的顧問角色。對於而言筱涵對於家庭的責任看待的較重，同時業務性質

治緯不動產估價師事務所，估價師林筱涵

的工作需要交際應酬、同步要工作和管理，在時間的分配上要特別注意，她說吃苦耐勞本來就是創業必須的，但這是她喜歡的人生，對她而言人生道路要掌握在自己手上！

## 商業模式圖 BMC

 **重要合作**

secret

 **關鍵服務**

- 協助不動產相關估價
- 代書業務

 **核心資源**

- 不動產經紀人
- 不動產估價師
- 地政士證照

 **價值主張**

- 協助客戶解決不動產相關問題，當客戶問題被解決，就是協助他們放下心中的大石頭。

 **顧客關係**

- 彼此信任

**渠道通路**

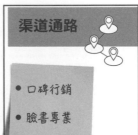

- 口碑行銷
- 臉書專業

**客戶群體**

- 一般公司行號
- 上市櫃公司
- 法院
- 公部門
- 政府標案

 **成本結構**

secret

 **收益來源**

secret

# #C | 創業 TIP 筆記 ✏️

- 盤點資源，了解自己能運用的有哪些，降低自己的成本

- 專業能力的深耕，加強自己能夠觸及的業務，就能夠解決更多不同的問題

- _____
- _____
- _____
- _____
- _____
- _____
- _____
- _____
- _____
- _____

# #D | 影音專訪 LIVE 📹

亞柏創思品牌顧問有限公司

**ALBATROSS**
BRANDING CONSULTANT
亞柏創思品牌顧問

Timothy工作時認真的神態

時代的改變，網路的崛起，許多商業模式如雨後春筍浮出，越來越多人選擇創業這條路，現代每天人們接收到的資訊，是唐朝時期一個人一輩子的資訊量，在如此資訊爆炸的時代下，如何在這片紅海做出差異化，就顯得十分重要。這也是為何品牌行銷已經成為每個企業都必須重視的其中一環。建立品牌，打造自己的形象，已是現今不可或缺的元素，不管是企業家、個人事務所、業務、只要想成為一個更有資源更有能量的人，都會需要擁有一個好的品牌，並且有對的行銷手法，了解原有客戶，吸引潛在客戶，行銷與品牌不能單獨拿出來賣，卻非常的重要，讓事業畫龍點睛，甚至創造原有利潤翻倍以上的價值。

## 目標明確，一致自己的志向

Albatross，亞柏創思品牌顧問有限公司就是在幫助顧客創造更多附加價值，讓顧客的優勢被看見被放大。而創辦人蔡宜斑Timothy擁有獨特的個人魅力，他提到從小就認知自己不會為了別人工作，很早就立下志向的他，從不偏倚，總是走在最終要創業的道路上，他從高中時期就對行銷非常感興趣，不愛看書，卻喜歡了解實務知識，而因為他喜歡玩音樂也認識了許多人，在未來創業的路上有許多的幫助，大學時期就開始和經銷商談合作，開啟了他的實務經驗累積。

當時Timothy只知道自己要當老闆，但並不知道自己會創什麼樣的產業別，但清晰自己目標的他，做了很多事情幾乎都為了創業，從高中時期自修管理行銷，19歲進入演唱會及活動製作這行，退伍的第一份工作做的就是品牌經理，因工作上有許多不適和經驗的不足，很快就離職，幾經思考，從未做過基層工作的Timothy，決定先找一份基層的工作來學習，後來在活動公關公司磨練做商業案，雖然有實務累積，但也因為龐大的工作，讓他開始思考職涯該如何發展。

## 秦朝娛樂，統一天下，讓玩笑話成真的本事

離開公司後開始了第一份事業，大學時期因為當時朋友們聊到商鞅變法，認為商鞅是那個時代的行銷專業，正在從事演唱會製作工作的Timothy，又因為自己姓秦，因此開玩笑說以後創業可以取名秦朝娛樂，而說到做到的他實現了這個玩笑話，也為未來開創亞柏創思打下穩固的基礎，秦朝娛樂主要服務廣告公司及活動公司，申請完商號後，身上剩兩百塊，Timothy自

己笑說當時也不知道自己在幹嘛，而創立第一年也感謝前東家廖玫玲女士(現任雋實股份有限公司　董事總經理)協助提拔，讓他們快速在業界打響名號。當然除了貴人相助，Timothy也有相當實力，曾經創造出業界爭相模仿的奇蹟，業者願意以平常高出四倍的價格做記者會活動。在不到兩周準備的比稿，秦朝娛樂僅表達活動創意和執行方案，就拿下案子！這讓同業開始打探秦朝娛樂，全因Timothy從演唱會與商業活動累積的能力以及對行銷的敏銳，足以讓他在短時間內洞悉產品與市場，進而能提供客戶理想中的服務。

後續的每一場活動也都相當順利，特別

1.秦爺(2017年阿爾發22週年演唱會綵排)秦朝娛樂擔任製作統籌 及 由秦爺擔任總導演帶領團隊在半個月內完成現場及網路直播演唱會  2.帶領30位工作人員前往曼谷執行尾牙晚宴,堅持用最高規格執行,無論硬體,執行及表演人員 3.熱愛高爾夫的Timothy,造訪世界第一座高爾夫球場 聖安德魯斯St. Andrews old course  4.在世界第一座高爾夫球場 聖安德魯斯St. Andrews old course,Timothy和高爾夫球友合影 5.作品RB,logo概念、RB包裝與印刷品設計、RB色彩計劃、RB菜單設計、空間設計概念,內部視角

是有一場活動,從提案到進場執行,大約只有48小時,從激請卡發佈消息到活動當下,每個流程、段落都精準計算到秒以下的時間,那時每個構思都超出業者想像,並且完全融入主題,這甚至業者願意追加預算,能夠讓業者在超出預算的情況下再掏錢,在行銷界代表這些想法有足夠的創意和價值,而這次的成功經驗連Timothy都不確定是否能再現,當時天時地利人和,也很感謝那時客戶非常的信任,動用許多資源才能有這麼完美的活動。

## 成為一隻跨海飛行的信天翁

志同道合的人終究會走在一起,和曾得過G MARK(Good Design Award)的設計師合夥共同創立,真正開始構思亞柏創思,是一個有趣的小故事。兩人在爵士酒吧認識了一段時間,一開始他們覺得彼此合作一定會很容易衝突,因此各自做了秦朝娛樂與酒吧,後來兩人曾聊到對未來辦公室的畫面,卻意外的合拍,Timothy一直遺憾想做品牌的熱情和朋友想做設計的熱忱讓他們決定要一起開啟這個事業。

因喜愛高爾夫球,Albatross這個字讓Timothy好奇,這是高爾夫球局中低於標準桿三桿的術語,比一桿進洞還要少出現的狀況,而瞭解到這個術語後就讓他印在腦海中,也因此將品牌顧問公司取名為亞柏創思,Timothy知道自己家在台灣,但一定要跨出海外,期望自己往國際發展,要跨足不同世界與領域,不僅自己,也希望服務的客戶都可以和世界接軌。

初創時,亞柏創思就將定位拉到產業最高,因此什麼都能做,對他們而言,做什麼就要像什麼,接觸到任何一個產業他們都會拼盡全力去研究和努力,他們曾經服務過知名星級飯店、食品業、手遊、甚至房地產業...等,也曾遠赴曼谷替客戶執行活動,不侷限顧客來自哪一個產業;不害怕客戶任何需求,他們始終在意的是能協助顧客什麼,並期許團隊能以同理心與客戶一起前進。

亞柏創思有世界級的設計師還有滿腔熱血的團隊,Timothy感性說到希望能夠讓夥伴生活無虞,因為台灣社會在設計這件事還沒有成熟的概念,因此在品牌、行銷、設計的市場訂價仍無法達到一定水平,他們也希望更長遠的未來可以改變環境,讓行銷品牌的市場更成熟,顧客能夠更尊重專業,而公司也不為了利潤去降低供應商的價格,讓這個產業的供給鏈有更正向的循環。

# 商業模式圖 BMC

 **重要合作**

- 廣告公司
- 印刷廠
- 媒體

 **關鍵服務**

- 行銷規劃
- 設計規劃
- 活動規劃

 **核心資源**

- 設計師團隊
- 品牌行銷知識
- 不動產相關專業

 **價值主張**

- 整體品牌規劃

 **顧客關係**

- 共同合作

 **渠道通路**

- 社群
- 口碑行銷

 **客戶群體**

- 企業
- 商家店面
- 傳產轉型
- 新創團隊
- 私人委託

 **成本結構**

依案件變動、人事成本

 **收益來源**

依案件收入

# #C | 創業 TIP 筆記 ✎

- 將專業服務提升到最好，提供顧客優質有效的服務
- B2B的商業模式，資源和顧客溝通，每一次服務都是獲取資源

- _____
- _____
- _____
- _____
- _____
- _____
- _____
- _____
- _____
- _____
- _____

# #D | 影音專訪 LIVE 📹

亞柏創思品牌顧問有限公司

• LIVE ▶

0911-212265

台北市大安區忠孝東路四段169號6樓之1

https://www.facebook.com/albatrossbrand/

# 星漾商旅

陳盈瑞董事長畢業於成功大學土木系，1997年時台灣的房地產處於谷底階段，經過和前輩及經驗者交流討論，陳董事長認為服務旅遊業是未來的趨勢，即投入了旅館業的籌建與營運管理，開始在桃園國際機場附近的南崁桂林商務旅館、水漾時尚旅館、林口的東楓時尚旅館、到現在的台中星漾商旅。每個階段不同旅館品牌掌握不同的目標消費客群及消費趨勢。

## 亞洲台灣雙核心，創造競爭優勢

陳盈瑞董事長從自己具有優勢的營建本業出發，經營管理則是從零開始學習。將事業選擇於國門之都的桃園市開始，相較於台北地區，工業商業用地取得門檻較低，且擁有國際機場，能夠第一時間服務出入境的顧客，掌握商機。台灣是亞洲的核心，陳董事眼光放更長遠，認為台中市是台灣的核心，適合作為一個發展基地，因此在桃園的事業穩固之後，慢慢將版圖擴展到中部地區。未來的景氣市場會有高低起伏，掌握到亞洲、台灣雙核心的優勢，會有更多的機會和成功的可能，抵抗外來不確定性的衝擊，更有利於事業的發展。星漾商旅在地點上佔有絕佳的優勢，座落台中的一中商圈，一個具有文化及歷史城區的地方，中區、北區附近有日據時代保留下來的台中公園、孔廟、學校、寺廟，文化脈絡的環境，也讓星漾商旅成為更有在地文化歷史特色競爭力的旅館。

## 精益求精，用國際視野看待市場

星漾商旅除了在營運上取得良好的績效外，在環保上的推動更是不遺餘力，從十幾年前就開始投入環保旅館的籌設，從桃園市的第一家金級環保旅館，到現在的星漾商旅，也是台中市第一家金級環保旅館，足見陳董事長對於環保旅館領域的遠見及堅持。事業推動的過程需要好的團隊，團隊的建立需要經過累積與內部不斷訓練及成長，而集團內部有許多年資超過十年以上的同仁，證明星漾商旅團隊的競爭力。陳董事長以中華民國旅館商業同業公會全國聯合會副理事長的身份推動整個產業經營環境的提升，有公會的平台再加上自身旅宿產業實務的豐富經驗，對於企業形象、經營管理效率的提升、以及旅宿對消費者的吸引力皆具有正向的影響。陳董事長擁有不斷歸零學習的心態，他認為學校體系對於知識全面性和邏輯系統紮實的學習，都相當值得業界人士再進修參考。即便有二十年的旅館營運經驗，還是願意學習，除取得輔仁大學餐旅管理碩士學位外，目前亦取得輔仁大學商業管理博士候選人資格。

透過公會的平台資源，也讓許多旅館業者可以互相交流運用，促進整體產業的提升。星漾商旅經營的期間除了台灣的業務之外，也跟著政府海外拓展的腳步，觸及到港、澳、新、馬、緬甸、越南等地區，在這個過程中也發現到穆斯林國家的需求，台灣的回教徒雖然不算太多，但以國際視野來看，回教徒是世界第三大宗教，有17億人口，潛藏龐大的商機，因此星漾商旅開始對穆斯林文化下功夫，申請認證和提升整體服務，而過程許多細節要特別注意，他們不吃豬肉、不喝酒，在硬體設備上，會需要朝拜

1.星漾商旅台中一中館-豪華客房 2.星漾商旅台中一中館-卓越客房 3.星漾商旅台中一中館健身房 4.星漾商旅台中一中館四樓餐廳 5.星漾商旅台中一中館-行政客房 6.星漾商旅台中一中館-行政客房沐浴區 7.星漾商旅台中一中館-商務客房 8.星漾商旅台中一中館-家庭客房浴室

毯、朝拜指標相關的服務設施。來到星漾商旅的穆斯林顧客信任回教協會的認證,會為顧客需求做嚴格把關。

## 嚴謹在細節之處,五星級的高規格服務

當然這些用心和細節,能夠贏得客人的認同讚美,這些支持都是令星漾商旅成長前進的動力,也是讓他們特別有成就感和感動的事,星漾商旅的徐雅娟總經理也分享曾經有韓國旅遊團隊,希望透過旅館安排規劃行程而非透過旅行社,旅宿服務除了客房內的服務還能延伸到客房外,徐總經理認為,做出超出客人期望的價值服務,而不是壓低價格去做惡性競爭,在同樣的價格上若能提供更高的服務當然就會有優勢。

陳董事長分享,在創業每個階段,量變與質變要同時進行,星漾開會時不斷去思考和討論「What Next」的議題,世界的變化很大,他們變得更謹慎和細心地思考每個新商品,要服務什麼樣顧客,要提供什麼樣的消費體驗,環保、穆斯林、星級旅館評鑑等等,甚至與觀光局和文化局配合做文化展覽,這些都是現有或是未來可能再精進的服務,長期來看也能夠去引領新的消費模式,在每個階段都需要不斷的反饋。星漾旅館要給客人的是三星級超值的價格、四星級優質的設備、五星級貼心的服務,這是星漾期待給顧客呈現的樣貌。身兼多職的陳董事長,除了星漾商旅的管理經營,也致力於推動制定更好的法律及規範,為了產業共同利益盡力的去溝通和討論,在政令和業者權益中權衡和協調,獎勵代替限制,鼓勵代替懲罰,而創造雙贏甚至三贏的局面。徐總經理也提到,因為旅宿業是較高成本的投入,因此若是想選擇這行創業,一定要在年輕累積自己的信用,和人、銀行打交道,星漾商旅一直用最嚴謹的態度去面對每一件事情,才能屹立不搖,以最優秀的面向呈現在大家面前。

## 商業模式圖 BMC

### 重要合作

- 餐點物料廠商
- 設備廠商
- 按摩師
- 花店
- 租車

### 關鍵服務

- 提供客房及一中旅遊周邊服務

### 核心資源

- 營造專業背景
- 飯店經營管理
- 房間設施應體設

### 價值主張

- 三星級超值的價格、四星級優質的設備、五星級貼心的服務

### 顧客關係

- 協助顧客滿足他們提出的需求

### 渠道通路

- 臉書社群
- 官網
- 部落客
- booking

### 客戶群體

- 商務出差者
- 旅遊者
- 國外旅客
- 私人委託

### 成本結構

食品原料、水電房租、人力成本

### 收益來源

住宿及客房服務收費

# #C | 創業 TIP 筆記 ✐

- 對每件事情用最嚴謹的態度處理，就能夠讓顧客感受用心及完美
- 將格局眼光放遠，運用所有可用資源創造更大的利益

- _____
- _____
- _____
- _____
- _____
- _____
- _____
- _____
- _____
- _____
- _____

# #D | 影音專訪 LIVE 📹

# #A

## 理想美整型外科診所

1.診所入口 2.診所諮詢室 3.診所開刀房 4.診所雷射室 5.診所大廳

近十年來，醫學美容產業已經成為全球追尋的產業，估算成長率高達10%以上，而亞洲地區的成長率又高於全球，醫美市場已成為全球性的龐大的商機，而這十年來也有許多大大小小業者投入想分食這塊大餅，而台灣的消費者對美容的態度也逐漸從羞於探討到開放，對醫美服務接受度和消費意願都持續在提高，而台灣的醫療及服務都是平均之上的水平，但也因此造成競爭十分激烈。

理想美整型外科診所，比起其他同業算是相當早投入這個市場，創辦人何為平醫師在醫療產業有20幾年的經驗，求學階段時，內科、外科、婦產科、耳鼻喉科四大科系是最熱門的科系，但以整型外科而言，是外科中相對冷門的科系，對何醫師而言，相對不容易遇到生老病死的整型外科是何醫師更希望的選擇，只是沒想到，在幾十年後的今天，整型外科已成為頂尖醫師的熱門科系。

## 市場的先驅者，用專業為民眾服務

何醫師剛從醫院學成準備自立門戶的時期，美容診所來說臺北也才少數幾十家，台中可能五家都不到，當時台灣從醫者大多在醫院服務，出來開業的醫師較多選擇眼科，醫美是少數，但仍有許多皮膚受傷的病患需要治療，台灣社會對美的事物相當保守，當時更多是不得已上門求助的人居多，而何醫師在醫院有足夠多的歷練，學習到更多專業技術後選擇出來開業服務民眾。

凡事起頭難，理想美開業時剛好遇到921大地震隔天，當天診所是停電沒有燈光的，第一天就感受到挫折，認為是否時機不夠好，但想到自己當初起心動念，還是覺得要對診所有信心並且堅持。對於社會風氣保守，也有相對優勢的地方，當時開業的人就是專業醫師，競爭不多之外，消費者也較信任診所，因此有需求的人會自己上門，不需要太多的廣告和行銷。創業幾十幾年後的現在，產業環境不斷改變，網路發展的時代，媒體強力宣傳的推波助瀾之下，大家對於美的需求變高了，對相關話題和感受採取了較開放的態度，雖然對於開業者有更多的客群，也因為僧多粥少，有許多非專業人士或是投資者投入這塊市場，在消費者的角度選擇變得更多，但也因此難以確保專業度，有更大風險需要評估。

## 取之有道，堅持醫療本質

醫美仍舊是一種醫療行為，仍是一個需要高度專業的產業。何醫師認為要提供專業的諮詢和服務，才能得到顧客的支持和肯定及忠誠度，要堅持以專業醫生的角度給與好的服務，儀器設備也給予最好最先進的，才逐步建立起顧客的信任感，開業至今已經20年了，也希望能持續保持這樣的信念。

雖然醫美產業能創造高獲利，但也讓醫師們憂心，這個產業偏離原先初衷，甚至出現劣幣逐良幣的現象。醫美的資訊和知識需要更普及讓民眾認知，才能在瞭解的狀況下知道如何保護自己，也更能明白如何選擇適合又專業的診所。

何醫師的心態也隨著見識不斷在轉變，從一開始只是服務顧客，現在則期望整個產業技術更加提升，目前全球的技術仍是歐美水準較高，

1.參與國際醫學會議 2.媒體採訪 3.臨床手術示範 4.擔任醫學會議座長 5.臨床手術教學 6.與藝人包偉明合照

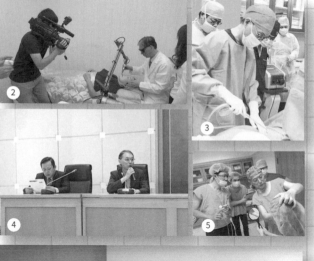

## 傳承與分享，追求產業提升與共榮

亞洲則是韓國較為知名，國際會議時的演講者通常也來自這些區域。醫療儀器的來源也大多是國外的廠牌，台灣製造是少數，何醫師更希望有機會能夠把台灣的技術層次更拉高。

理想美在專業上有身為醫師的堅持，未來也希望有些志同道合的朋友，可以一起開創新的局面，也許對台灣醫美相關產業可以更進步。現在醫師若想更精進自己通常都要到國外學習，醫學人才的培育投入成本相當高，若是讓有經驗的醫師帶著年輕醫師學習，技術的傳承和分享，給予經驗和舞台，過程使他們進步並且能溫飽，甚至有資源和能力可以開創新的技術，才能夠翻轉惡性循環，提升台灣整體產業的專業度，甚至讓台灣醫美能成為其他國家的學習對象。

產業的發展也並非短期的能量爆發，而是累積，何醫師也希望透過三到五年的時間可以打穩基礎，號召一些年輕的醫師可以注入一些新的活力，更多的人和資源一起改變這個環境，也希望在醫美產業中有經驗的醫師真的可以共享，將技術傳承，年輕醫師可以更有效率的累積能力，甚至創造新的技術，對消費者而言更是福音，而大家可以一起努力共同創造好的未來。

何醫師鼓勵想投入醫美的醫師得先健全自己的想法，並且加強自己的專業，並且這個專業並非自己說的，而是透過一些機構甚至國際的認可，合法合格的美容醫師，才能提供給消費者更好的技術服務，甚至是安全感和信任感，更進步更創新的價值，擁有專業技術的醫師和經得起檢驗的醫療技術，才能讓產業環境變得更好的心態，才能造福更多的人。

# #B 商業模式圖 BMC

## 重要合作

- 設備廠商

## 關鍵服務

- 醫美整形
- 微整保養
- 皮膚問題諮詢

## 核心資源

- 整形外科醫師專業技術

## 價值主張

- 協助皮膚問題處理、協助追求自我認同及美感的人

## 顧客關係

- 客戶需要主動搜尋

## 渠道通路

- 口碑行銷
- 官網
- 臉書
- kol

## 客戶群體

- 受皮膚問題困擾的人
- 追求美麗的人
- 公眾人物
- 私人委託

## 成本結構

設備成本、醫療器材、人力

## 收益來源

顧客消費收入

# #C 創業 TIP 筆記 ✎

- 專業技術的精進，追求更高品質的學習
- 了解市場需求和商機，若能在市場尚未開發時進場，就能搶得先機

- _____
- _____
- _____
- _____
- _____
- _____
- _____
- _____
- _____
- _____
- _____

# #D 影音專訪 LIVE

理想美整型外科診所

04-23728532

台中市西區林森路239號

http://www.cw-assets.com/

匀境室內裝修設計工作室

匀境設計
UNISPACE DESIGNS

二十世紀建築大師，密斯‧凡德羅(Mies van der Rohe)提出「Less is more」意即「簡約即是豐富」-除去不必要的設計，即所謂精煉才是豐富的設計。「簡約」是匀境設計的思考準則，如同匀境空間設計的許榮吉許總監的內涵與創業故事，豐富且值得細細品味。

苗栗渡假村建築設計

大學時期主修建築設計，在大學生涯就開始打下產業基礎，許總監在學期間就經歷紮實的訓練，學校的方針又是實踐派，當時都是手繪全開圖紙，也常常要做建築模型等等，建築教育期時相當辛苦，學習五年的日子裡幾乎天天熬夜，過去老師評圖也很嚴厲，若是設計不夠好，老師是相當不留情面的，但在這樣的環境下，很能接軌社會環境，能提前體會到許多進入業界以後會需要面對的問題。出社會後在營造行業待了六七年，許總監從最底層開始做，跑工地，爬鷹架等等，慢慢隨著對產業的瞭解也開始學習管理層級的事務。他提到工程就是將圖面的內容實踐出來，而在建設相關領域許久，累積到了一定程度後，也希望可以做自己想做的事，因此開始創業之路，而做了建設公司幾年後，許總監也發現自己更喜歡細膩精緻的室內設計，至今他更著重在自己喜歡的室內設計領域。

## 捨棄不必要的多於裝飾，保留最純粹的美感

匀境設計有自己的獨特調性，定調在現代，認為是最符合時代需求和潮流的風格，一方面這樣的設計風格可以和許多家具搭配，幾乎什麼樣的內裝都能百搭，匀境設計的logo是六個面融合為一，為一體，就如同一個空間加上天地有六個面，確不是個別分開的而是整體感受，匀境設計也希望他們所接手的空間能夠給予顧客舒適自在可以待很久的感受。

許總監說空間就像人的身材一樣，設計師得適當協助空間的塑造，思考穿上什麼樣的衣服會符合想要的形象和美麗。剛開始案子來源都是身邊的人，因為他們的信任開始，有需求的人幫忙介紹，

口而相傳至今，而匀境設計也透過每一次接案了解顧客的需要和想法，有時候人都不知道自己要什麼，室內設計是很深沉的探索，讓顧客了解自己想要的究竟是什麼，協助他們釐清。營造與建設，到室內設計，通常需要相當大的資金，需要與人溝通合夥，需要團隊，而人就是最難掌握的，有時候無法單靠理論而是大量累積經驗才會知道怎麼處理這樣的關係，許總監認為要讓自己能力更提升或是找到自己能力範圍適合的道路前行，才會比較容易成功。

## 給自己一個定位，做該做的事情

把顧客的家當成自己的家，雖然許總監的團隊已然做出自己的風格，但仍有許多好的作品獲得國際獎項，這驗證了匀境設計不僅在現代風

1.台中皮膚科診所室內設計 2.台中透天別墅室內設計
3.台中住宅大樓室內設計 4.台中法式餐廳室內設計

格中有高度專業，也被認可是大眾喜歡的美感應用。對於空間、顧客與人，許總監認為不要互相勉強，如果要看著同樣的風格十年二十年，那不能衝動或短期的喜歡，不能是容易看膩的樣式。同時他們也為顧客做生涯規劃，生活的循環，空間使用的期限，設計到什麼程度要根據生命循環，同一個家庭人數也會隨著生涯推進加加減減，會有起伏，設計師協助顧客規劃，把生命的經驗帶給他們參考。

## 匀淨，匀境，帶來平靜的美好空間

未來許總監希望匀境室內設計是設計產業界的指標，他們想當開創者而非追隨者，室內空間設計就像是生活的容器，空間帶給人成長過程的影響很大，在什麼形狀的容器中就長成什麼樣貌。匀境空間設計希望給予顧客的都是平靜、可以好好休息、不容易發脾氣的空間，讓他們能夠在家好好休養，在外面就能有好的工作表現，形成正向循環。一個好的設計師就是能為顧客做完美的設想，用心對待顧客，雖然前期要花費大量溝通成本，但不能草率的隨便做，理解顧客需求和生活，設計出最符合他們身分、職業、習慣的空間，將干擾減少到最低，使顧客信任與滿意。這樣也才能讓整個產業變得更好。許總監說設計師有點像是醫生，專業一定要有，基本功紮實了才能給消費者最好的回饋，對設計要有服務的熱情，如果單純為了賺錢就不建議走這行，設計領域要了解的東西是全面的，領域廣泛，工作過程要大量的溝通，用心了解顧客生命中重要的人事物。匀境設計也特別著重在溝通，有些表面所說出口的話會和深沉的內在不一定相同，因此要勇敢且用心對待顧客，為他們找到最適合顧客需求的空間，很多細節都必須要注意。
許總監希望更進一步推展匀境空間設計的理念，也希望顧客能支持他們的想法和做法，期望設計產業越來越好。事業要發揚光大很好，也要賺錢，但創業也要為社會帶來價值，不論是學識經驗還是實務經驗都要去累積，對於想做的事情保持熱忱。

# #B | 商業模式圖 BMC

 **重要合作**

- 木工廠
- 配合工班
- 建材廠商

 **關鍵服務**

- 舊屋翻新
- 建築設計
- 商業空間設計
- 住宅設計
- 室內裝修工程
- 營建專案管理

 **核心資源**

- 室內設計專業
- 工程經驗

**價值主張**

- 極簡的現代風格，實用且具美感的設計

**顧客關係**

- 客戶需要尋求協助

**渠道通路**

- 口碑行銷
- 官網
- 臉書

**客戶群體**

- 創業家
- 租賃相關業者
- 私人委託

**成本結構**

人事成本、時間成本、發包工程

**收益來源**

案件收入

# #C | 創業 TIP 筆記 ✐

- 將自己擅長的專業和風格做到極致，建立明確品牌定位
- 做到比競爭對手更細膩的服務，有時候差異就來自那一點點

- _____
- _____
- _____
- _____
- _____
- _____
- _____
- _____
- _____
- _____
- _____

# #D | 影音專訪 LIVE 🎥

匀境設計

04-2326 4940

台中市北區忠明路424號20樓之1

unispace.com.tw/

# #A

## 康乃爾&康爾嘉英語

康乃爾&康爾嘉英語創辦人陳碧華校長，
員工感恩節大餐陳校長每年親自烤火雞

康乃爾&康爾嘉英語教學擷取東西方文化的優點，在幼兒時期
給予孩子最好的雙語教育。讓孩子快樂學習，擁有流利的中
英文能力，長大能在國際舞台上發揮。

1.2020年Dr. Seuss 閱讀週慶祝活動　2.彩虹時間月刊榮獲文化部推薦中小學生優良課外讀物

## 為自己的孩子把美國學校搬回來

康乃爾&康爾嘉英語的創辦人陳碧華校長，原本學習的是植物病理，在中研院工作了兩年，後來因為先生考取教育部公費留考，她也著手準備在美國攻讀研究所，但卻發現自己懷孕了，因此她只好留在台灣待產。1998年陳碧華校長帶著孩子萬里尋夫，也開始了留學生夫妻艱苦的異國生活。雖然經濟拮据，陳校長堅持重返校園，就把孩子送去當地的幼兒園。陳碧華校長非常好奇孩子為何從完全不懂英文，但在幼兒園自然而然就可以輕鬆的使用英語，這對陳碧華校長而言簡直是魔術，所以她仔細觀察老師的授課方式，希望解開台灣學生學不好英語的罩門。回台後她希望保留下孩子已經擁有的流利英語，但卻無法在台灣找到任何學校。她在美國朋友的鼓勵下開始在自家客廳用美國學校的方法教導孩子，慢慢地左鄰右舍帶著自己的孩子來敲門，希望可以一起學習。

## 為自己孩子的未來做準備，由愛出發的教育

陳碧華校長為了讓自己的孩子在台灣也能得到美國的教育，她成立「康乃爾」，開始塑造出全英語的環境，從美加聘請當地擁有教師證書的老師，採用美國學校課程。陳碧華校長的堅持讓許多家長慕名而來，甚至遷戶口只為了能就讀這所台灣製的美國學校。當學生人數不斷的增加，陳碧華校長只好不斷的搬遷，希望給學生更大的空間，也因此在2010年在西屯區成立「康爾嘉」。

為了確定自己的方向正確，陳碧華校長於1996年帶著就讀五年級的老二重返美國，除了自己就讀教育研究所也希望從老二的英語能力評估康乃爾英語的教學是否真的實際。她發現老二的英語能力不但進入美國頂尖的學校可以游刃有餘，甚至代表學校參加許多學業

競試，佳績頻傳，讓學校上下驚異不已。

2000年陳碧華校長又申請就讀英國約克大學幼兒英語教育研究所，希望再次驗證她的辦學與英國教育理論相符。這些親自出馬學習的驗證下，讓她更確定她的教學方針正確。

當然堅持完全外籍的老師並非一件容易的事情，陳碧華校長堅持直接去美加面試聘請當地在職的老師，另外教科書也直接從美國引進，而陳碧華校長也希望可以把資源分享給更多人，由外籍老師自己編寫故事和錄音，聘請專業美編繪製，於是圖文並茂的有聲英語故事月刊「彩虹時間」，在2002年正式出刊，也持續在教育、太陽、好家庭電台和ICRT播出。

1. 2014年台中市政府英語文閱讀認證種籽學校培育計劃　2.2019年親子聖誕派對　3.2019高雄市各國小校長參訪　4.2014-2020陳校長擔任福建省教育廳國際學校顧問　5.2012年舉辦台中市國小英語故事列車-大墩國小　6.2018畢業典禮-外師表演　7.2019畢業典禮-學生表演

其中四度得到教育電臺最佳兒童節目製作，成功將資源分享到社會。康乃爾&康爾嘉英語受到市政府邀請固定到台中文化中心免費的分享英語故事，以及美國在台協會的邀請在國立圖書館提供英語故事時間。隨著時代的進步，也開始製作線上收聽、點讀筆等等，用科技輔助更多的家庭可以共同學習英文，「彩虹時間」的故事系列書籍也在2018年與2020年受到文化部推薦為中小學最優良讀物。

為了鼓勵孩子養成閱讀的習慣，陳碧華校長不斷從美國直接訂購故事書，在康乃爾&康爾嘉成立了英語圖書館，藏書數萬冊，也因此引起台中市政府的注意前來取經，於數年前在文化中心成立了台灣第一所公立的英語兒童圖書館。

## 用一顆心做教育，創造感動

陳校長三十幾年一路推動台灣全英語環境的教育，以及國際化的思維分享，需要很大的財力和勇氣，要堅持做對的事情，不被困難打敗其實相當不容易，而她也從栽培自己孩子到栽培全台灣的孩子。陳校長希望這社會總要有人付出，傻傻的做，才能使社會更好。為了孩子她破除萬難，要和財團競爭很辛苦，但做好該做的事情，讓事業能夠讓人感動，做別人做不到的事情，才有機會成功。

# #B 商業模式圖 BMC

## 重要合作

- 外籍教師
- 世界國際學校

## 關鍵服務

- 美國當地課程系統

## 核心資源

- 外籍師資
- 全英語環境

## 價值主張

- 堅持與美國同步課程及教材
- 透過英語的教學，跨國界的文化學習，培育孩子宏達的世界觀，長大成為優秀的國際人！

## 顧客關係

- 共同建立，面對面互動

## 渠道通路

- 官網
- 口碑行銷

## 客戶群體

- 願意栽培孩子雙語能力的父母親
- 私人委託

## 成本結構

開發研究成本、店面、人事成本

## 收益來源

商品買賣

# #C | 創業 TIP 筆記 ✏️

- 專注把英文領域的教育做好，自然會有志同道合的人共襄盛舉

  將領域做出差異化，全外籍教師及道地的教育方法，創造實際效益

- _____
- _____
- _____
- _____
- _____
- _____
- _____
- _____
- _____
- _____
- _____

# #D | 影音專訪 LIVE 🎥

康乃爾&康爾嘉英語

• LIVE ▶

04-3500 5800

台中市西屯區上安路39巷16號

http://www.ecornel.com.tw/

# 德康美系統家具

1.電視牆、健康磚電視牆、搭配葉子天花板

創業的歷程高潮迭起有時候令人很意外，德康美系統家具的創辦設計師蔡良政(阿政)的過程也很特別，當時的社會電子產業的股票都大漲，看似很有前景的趨勢，因此阿政求學時期學習電子相關產業，出了社會也曾做過電子電腦相關的產業，教過設計師畫圖，那時認識到許多設計領域的人脈，也因此認識到與裝潢相關的老闆，作為職員學習到裝潢的基本功，爾後又到設計公司上班，遇到人生中的轉捩點，讓他走上創業之路。

## 高潮迭起地人生歷程

當年阿政任職於設計公司，老闆捲款潛逃，造成許多糾紛，他看見產業的問題，一方面思考如何改善，也開始思考自己創業的可能性，阿政幾經思考決定自己出來創業，自己當老闆的好處就是可以非常堅持品質，堅持用日本烯酸鈣板，雖然比較貴但品質穩定不易變形，五金也是使用業界頂尖品牌，才會是長久之計，當顧客滿意問題少的時候，就更能有效率地做其他重要的事。對阿政來說建材、五金就是他該堅持的事情，德康美系統家具有許多優點，看到的使用材料，觸感及視覺做好之後就會是一模一樣的成品，可以量身定做、不易有色差、耐磨耐刮的材質，能夠長年的使用，保持良好的狀態，低甲醛環保健康，在人居住的環境中要更注意這些，長期暴露在人生活的場域，呼吸和接觸必要要選擇健康環保的板材。

## 了解自身及產品優勢，放大優勢

阿政瞭解自己的優勢特質，忠厚老實且講話實在，很真誠讓人感受到很強的穩定感，喜歡交朋友，大量認識廠商，創業早期他也曾經做過部落格，將自己所瞭解的系統櫃知識分享給大眾，讓大家知道如何選擇系統櫃。他喜歡和自己有內部資源的公司合作，溝通、品質、價格上都會有優勢，如果合作對象的業務都是發包，就會拉高相對成本，競爭力就下降，　阿政努力做好每一個案件，相信只要把品質顧好，把案件確實處理漂亮，就能夠創造被看見的機會，也會有更多轉介紹。

做系統家具和裝潢的一條龍服務，所看即所得，看的樣品和收到的成品基本上不會有差異，因此不容易有糾紛。阿政也是感受到未來空間規劃對系統家具的需求趨勢，當時才會選擇系統家具作為主要服務項目，一開始系統家具在市場上都是統一規格，且價格不菲，至今已越來越成熟能夠量身訂製，系統家具本身的優勢，再加上阿政建立系統和團隊的默契，在工作經驗足夠了以後就能夠越做越輕鬆，而德康美系統家具的優勢是可以信任的廠商和朋友用聯合採購的模式，能夠不降低品質但壓低價格，將省下來得資金回饋給客戶。

對於德康美系統家具而言，誠信和品質是最重要的，估價單的單價明細有加有減很清楚，公開透明不會隱瞞資訊事後加價，阿政也偷偷跟我們說小撇步，在看估價單的時候如果寫的單位是一式，那就要特別小心，如果有單位一定要有明確的尺寸，這樣才能有保障。

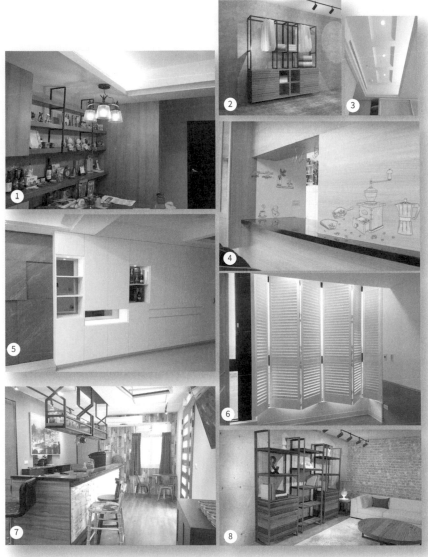

1.餐邊櫃 2.工業風系統家具 3.走道線板天畫板 4.系統櫃吧檯 5.系統展示收納櫃 6.木百頁窗簾
7.吧檯，盡力把每一個案件做好 8.工業風系統櫃家具

## 萬事起頭難，站穩腳步往前邁進

而阿政提到創業的難關特別在初期，裝潢產業很需要人脈和資源，因此特別難熬，但他也提到這個產業如果紮實每一步，理論上是會越做越輕鬆的，在這個產業有大小月，案量多寡會讓創業者特別緊張，沒有案子就沒有收入會造成不安，但阿政提到一路上也很幸運，能夠受顧客青睞，一直有不錯的口碑，因此在沒有案子的時候也總是能在最後關頭又有新的案件，創業過程也會遇到很多不同的挑戰，和不同的設計師配合的過程，會遇到各式各樣沒遇過的樣式和工法，就要逼自己進步和讓自己認識更多東西，過程要不斷學習。

德康美系統家具的理念就是希望客戶擁有健康又規劃精美的房子，而阿政本身也提到做案子要有良心，主打美感和機能和諧，強調環保健康，台灣潮濕容易有過敏原，有時候跟房子的建材、裝潢的素材都有相關。阿政提到未來如果能夠有理念相同的合作夥伴也不排除開店加盟，但風險控管意識強烈的他也提到要穩紮穩打，德康美系統家具目前還是小品牌，但也因為組織比較扁平，所以可以更快速且有效的和客戶溝通，並且以更好的cp值，給予客戶最有利的專業建議，讓客戶擁有最佳選擇。

阿政也鼓勵想投入這個產業的人要認真瞭解建材，品質，五金，不然就必須繳學費學習，而財務控管也要特別注意，因為裝潢、室內設計裝修會有先收錢的問題，如果沒辦法有好的金錢控管，就容易資金周轉出問題，而這個行業的決勝點也在初期，如果初期能撐過，並且維持好的品質不斷進步，基本上就能闖出自己的一片天！

# #B 商業模式圖 BMC

 **關鍵服務**

- 丈量規劃
- 室內裝潢設計
- 系統櫥櫃
- 風水
- 室內裝潢材質挑選

 **重要合作**

- 工廠

 **核心資源**

- 空間設計師
- 系統家具

**價值主張**

- 德康美系統家具以創新手法，將室內設計結合木工裝潢與系統家具規劃成一場完美空間，邀請大家一同來感受幸福，在幸福家庭中，設計出對家人的關心與愛心、裝潢的美輪美奐、用系統家具做出幸福的機能櫃子。

**顧客關係**

- 合作夥伴共同協作

**渠道通路**

- 官網
- 臉書

**客戶群體**

- 新婚家庭
- 商業空間

**成本結構**

人力、外包費用

**收益來源**

案件收入、系統櫃裝修

# #C | 創業 TIP 筆記 ✍

- 創業初期站穩腳步，確實客戶需求，創造轉介紹
- 誠信和品質穩定地情況，有效運用資源降低成本

---
---
---
---
---
---
---
---
---
---
---
---

# #D | 影音專訪 LIVE 📹

德康美系統家具裝潢
居家設計館

04-23266520
台中市西區華美街26號1F
deg91.com/index.php

橘子布著色

橘子布教學特色

畢卡索晚年曾說過：「我一輩子都在學兒童畫畫。」他認為孩子是天生的藝術家，未來潛力無窮。這也是江希宜老師所信奉的價值，也是她一生想要推廣的信念。

## 種下夢想的種子，堅毅的茁壯

創立橘子布著色，是江老師對自己信念的證明，更是她對孩童教育的堅持。小學三年級的江老師，在作文寫上自己的志願，希望長大能夠成為一位畫家，並開設幼兒園，卻被當時的老師，在作業簿畫上一個跨頁的紅色大叉叉，認為她做不到。被傷害的幼小心靈，在心中下定決心，堅信自己做得到，並期望未來能夠成為孩子的代言人，替孩子們發聲！

堅持三十多年的教育生涯，江老師有著對藝術教育的使命感，認為這是上天賦予她的任務，並深信藝術能讓生活更美好，這是她一路走來不變的生命體悟，更是她始終堅定教育的初心。

## OCA國際全腦藝術教育 用創意啟迪全腦力

而橘子布著色的兒童藝術教育正是在為孩子紮根，培養核心能力，讓他們未來充滿希望與競爭力，藝術教學能夠引導孩子獨立思考，並且讓孩子們快樂自信地把自己的潛力發揮出來，從構圖開始思考，依循教學的九大能力養成，培養更多元的能力。

橘子布從一間極具口碑的專業美術教室，發展成為國際專業的兒童藝術教育品牌，橘子布代表原創的色彩(Original Colors Art)，除了建構完整的OCA全腦藝術教育教學系統之外，更多元發展線上影音頻道【橘子布BUBU SHOW】，紀錄孩子體驗各種藝術形式的過程，以親子共同欣賞動畫等電影所延伸的單元「小小影評員」，針對親子教育提供「橘子布親子美學院」，分享解決親子溝通等美學小妙招等等，透過這個頻道，希望每個家庭都能擁抱情境氛圍，徜徉在藝術的冒險旅程！

## 給孩子一支筆，他能創造世界

橘子布著色認為每一幅畫都來自於孩子的內心世界，一支筆和一張紙就能創造全世界。美術的最高指導原則，是在培養孩子獨立完整的個性，讓孩子能夠開發潛能與積累能力，迎向未來，我們必須掌握孩子創意學習的高峰期，守護孩子最珍貴的童年回憶。

讓孩子從右腦帶動全腦，協助培養孩子的基礎能力，也藉由小孩子的圖畫，了解他們的個性及想法，更進一步與家長交流，讓親子之間能更有效的溝通，橘子布希望帶給孩子的不只是藝術，瞭解生命、尊重自然、愛護環境，對於生命的珍惜與包容，都是橘子布著色重視的生命藝術教育。

2.橘子布重視家長在親子之間的互動　3-4.各大獎項的肯定　5.橘子布教學影片在電視播放　6-7.讓孩子發揮想像力　8.讓孩子發揮想像力

## 堅持用最好的教育品質，讓孩子發揮最大的天賦！

橘子布堅持守護孩子的童年，讓孩子留下最美的回憶！真心地為孩子付出，孩子的能量是無限的，江老師也呼籲為人長輩不要總認為孩子們不懂，教育用三分的溝通和指導，七分的讚美，江老師認為要相信孩子，瞭解孩子，她也可惜許多孩子因為不對的教育，而讓許多孩子的才華被埋沒，或是活得不夠自信，因此橘子布著色的使命就是讓更多人看見孩子的潛力，讓孩子有更快樂更美好的未來。

紮根台灣放眼世界，讓全年齡層的人都能夠接觸藝術領域，未來江老師更希望可以接觸老人照護，許多老年人也需要被關心，他們即便從未接觸藝術，也能夠在藝術領域有好的感受與回饋，現在橘子布著色也做到數位化，因此可以透過網路無國界的模式傳播到全世界，江老師也想建構半公益的藝文咖啡店、圖書館，透過網路以及實體的店家，讓藝術的生活可以融入在城市中，能夠在美好的空間一起接觸美學。

江老師也很樂於提攜後輩，對於更多人投入教育她是樂見的，但也特別提到當老師有非常大的責任，孩子的成敗和心態在教育期間養成，可能會因此影響他們的未來，而老師也是孩子的知識窗口，因此要大量的學習，環境變遷的太快，所以要不斷地精進自己，才能給予孩子正確的觀念。另外也要瞭解自己是否真心的愛孩子，才有更多耐心與愛培育他們，如同江老師願意為孩子付出，她對藝術教育有極大熱情，也為此付出她的青春和努力，而她只更期望做更多的親子教育，讓孩子能更好。

# #B | 商業模式圖 BMC

## 重要合作

- 網路影音平台

## 關鍵服務

- 藝術教育
- 親子教育

## 核心資源

- 教育
- OCA全腦開發

## 價值主張

- 相信孩子是天生的藝術家，用藝術做媒介協助孩子放大潛能，培養核心能力

## 顧客關係

- 互相學習

## 渠道通路

- Youtube
- 臉書專頁
- 部落格
- instagram

## 客戶群體

- 願意培養孩子美感的父母

## 成本結構

師資培育、教室租借、教材

## 收益來源

學生招收、自製教材

# #C | 創業 TIP 筆記 ✎

- 藝術教育用心培養核心能力，跟上趨勢與未來願景，就是市場
- 投入與你所熱愛的領域，並創造出別人願意買單的價值

- _____
- _____
- _____
- _____
- _____
- _____
- _____
- _____
- _____
- _____

# #D | 影音專訪 LIVE

橘子布著色

04-22110798
台中市東區東英路392號
fb.com/originalcolorsart/

虛擬實境圖

香格里拉室內設計負責人／網路遊戲直播主

#A

斜槓青年，是近幾年特別火紅的一個名詞，共享經濟時代，許多產業結構都跟著不同，越來越多人不再滿足於單一職業和身分的束縛，開始選擇一種能夠利用自身專業和才藝，經營多重身分的多職人生，而苡安就是一個擁有獨特個性，擁有自己愛好的人生和事業。

## 斜槓人生，擁有不同的身分和角色

蕭苡安，如果在網路直播平台上尋找苡安Anne，妳可以看到她玩遊戲的英姿，別看她漂漂亮亮的，玩起遊戲來可不是省油的燈，除了能夠在網路上看到她的遊戲實況之外，她還有另一個身分，就是香格里拉室內設計的負責人。

她活脫脫是個現代新女性代表，不被誰束縛也不被規則綁住，她就是一個有自己的想法，並且努力去實踐的女人，想到香格里拉，所有美好的事物、人間天堂、幸福的感受都連結到，這是苡安非常喜歡的四個字，也用它當做品牌名稱開啟了她的創業路。苡安的家庭是藝術世家，家庭裡的每一位成員都直接或間接在從事和藝術相關的事物，從小受到美的薰陶，她想把更多美的事物帶到這個世上，她認為室內設計是幫助顧客創造最理想的居住空間。當她發現有許多顧客為了能省下一筆費用，自己去尋找裝潢軟件時，她也開始接觸家飾、裝潢、燈飾的貿易，僅單純希望她有自己的資源可以使作品更加完美，並且擁有更高的整體性。

## 為自己的未來累積籌碼

把客戶喜好和需求擺第一，苡安笑說自己沒有設計師的傲氣，一切與客人想要的為主，她認為溝通技巧很重要，要快速抓到業者喜好並且為他們提供專業，為他們挑選合適的建材和符合生活機能的動線，提供選擇題讓業者挑選，業者十個裡面有八個會有選擇性障礙，所以要先幫他們篩選好，這樣才能快速有效率又能讓客戶滿足。年紀輕輕的苡安事業可以如此成功，除了她有很強的心理素質，堅強和遇到事情面對的勇氣，還有源自於她過去在工作時期的累積，

她還未創業前，是個不計工時為工作賣命的人，認為這樣才能快速學習所有專業，別人畫三張圖她就畫十張圖，別人討論裝潢細節，僅提出一個意見，她就提出十個，並且每個都明確說出原因和能達成的效果，在這樣的高強度的刻意練習，讓她的知識能量足以在需要的時候，提煉精華發揮最大效益。

後來決定創業也並不是一直都順順利利，剛開始創業時她完全沒有後盾，家裡發生了一些變故，她便隻身一人出來打拼，她回憶也許因為沒有退路，她很拼命，非得成功不可，母親感性面的支持對她有很強的安心感，但是沒有什麼資源可以支援她，所以她幾乎從零開始打造屬於她自己的品牌。人脈也是很重要的，苡安分享說她因為很愛品酒，因此在不同的場合結交了不少各個產業別的朋友，她的第一批客人就從這邊開始，陸陸

1-4. 現代時尚感風格　5-6. 和客戶合影　7-10.現場施工照片

續續有許多人願意信任她，有良好的體驗還會幫她做轉介紹。

## 殺不死你的都能使你更強大

生意漸漸穩定以後，她卻在創業第三年時因為沒有特別注意合作的細節，幾乎賠掉了三年內賺到的所有收益，這對她來說是個很重的打擊，在最低潮的這段時間，許多朋友和她一起打遊戲抒發情緒和壓力，卻意外讓她重拾過去的興趣，也因此開創了她另一個身份，遊戲直播主。

而苡安是個能夠快速調整改變的人，雖然這是一次的重擊，但她也換了不同的思維看待這件事，至少她還夠年輕，還可以承受失誤，當然她也從中得到教訓，至此之後，苡安特別重視每一件事情合約要寫得清清楚楚，區分清楚口頭承諾和白紙黑字的差異，確認每個過程，她可以很豪邁和可以像朋友般閒聊，但在事情上她變得更謹慎，更為她的人生增添一份成熟和歷練。

關於香格里拉室內設計，她也希望更精進自己在美學領域的敏銳度，除了接觸家飾貿易外，她不排斥任何和美相關的領域，有機會都樂意嘗試看看。苡安是個勇敢的女孩，她也鼓勵如果有想要創業，那就試試看，做就對了，她提到自己沒有錢也創業，如果很擔心，也可以創造出先付款後再作業的商業模組，不過除了衝動的創業想法之外，也要努力學習相對應的能力來支持自己的理想。

上帝為了關了一扇窗，就會為你開啟另一扇門，而苡安的窗雖然未關上，卻因此開啟了她實況主播的身分和興趣，現階段她在這兩個領域都仍會繼續深入，她驕傲於自己的努力和自己的熱愛，她也想讓大家知道，除了專業能力，玩遊戲也可以是正向的，並且將它視為一份事業努力，她希望自己到了年邁時期，還能像年輕時候一樣，有一個大家能待在一起的空間，有上好的電腦設備，還有志同道合的朋友，大家仍可以有很好的社交活動，一直持續一份熱愛到結束終老。

# #B 商業模式圖 BMC

## 重要合作

- 工班
- 建材廠商

## 關鍵服務

- 空間規劃

## 核心資源

- 室內設計專業
- 溝通、共識的能力

## 價值主張

- 針對客戶需求規劃符合的空間服務

## 顧客關係

- 顧客自助式

## 渠道通路
- 口碑行銷

## 客戶群體

- 需要空間規劃的人

## 成本結構

時間

## 收益來源

案件收益

# #C | 創業 TIP 筆記 ✑

- 打造自己的個人品牌, 讓名字成為你的招牌
- 透過每一個機會強化自己的專業並且累積資源, 需要的時候就能派上用場

- _____
- _____
- _____
- _____

## 支持者留言

- 感謝有妳願意分享歷程
  —————— 王飛翰 先生
- 喜歡墨守成規, 也不願安於現狀, 與眾不同的妳, 我很佩服!
  —————— 彭雅琪 小姐
- Boss加油!
  —————— 莊鎬宇 先生

# #D | 影音專訪 LIVE 📷

香格里拉室內設計

• LIVE ▶

0912-542061    shangrila.space/

台中市西屯區市政路402號5樓之6

https://www.twitch.tv/annebaby99

fb.com/annebaby.hs/

# Youtube | BMC (範例)

## 重要合作

- 文字創作者
- 媒體公司

## 關鍵服務

- 增加觸擊率
- 開發&廣告工具優化

## 核心資源

- 搜尋索引演算法

## 價值主張

- 給人民發聲機會
- 帶人民看見世界

## 顧客關係

- 自助服務

## 渠道通路

- YOUTUBE
- 手機
- 網站內嵌

## 客戶群體

- 大量市場使用者
- 廣告商

## 成本結構

數據中心、平台開發

## 收益來源

廣告商、免費服務

# 我創業，我獨角(練習)

設計用於 _____　　設計人 _____　　日期 _____　　版本 _____

| 重要合作 | 關鍵服務 | 價值主張 | 顧客關係 | 客戶群體 |
|---|---|---|---|---|
| | 核心資源 | | 渠道通路 | |

| 成本結構 | 收益來源 |
|---|---|

# Chapter 5

# #A

蔚藍翔鷹足球俱樂部

現代足球運動相傳源於英國，亦為當今世界上開展最廣、影響最大的體育項目，被認為是世界第一運動，在和平年代亦被稱作是「國與國間沒有硝煙的戰爭」，這也是蔡耀璿教練對足球這門運動，如此熱愛的其中一個理由。

1.團隊協作需要默契和互相扶持
2.孩子們踢球後露出最美的笑容
3.孩子在足球場上發揮的時刻

蔡教練的創業路起源於自己家庭環境背景，父親獨自奮鬥也是白手起家，二十幾年前在交流道底下做汽車電池，經過幾次的時代變化，轉型到電池、手電筒、延長線批發，直到環保意識抬頭再次想轉型，想做水族館、咖啡平台，這時的父親已經五六十歲，認真又盡責的父親讓蔡教練得以窺探到創業的樣貌，從小耳濡目染讓他對創業不陌生。

## 事業的起源於興趣與熱愛

蔡教練對資訊十分有興趣，因此在大學主修資訊，大學的生活十分充實，學校的主要課程之外也有許多通識課以及運動項目，蔡教練在大學時期認識了改變他職涯的體育老師，這位老師是蔡教練對足球的啟蒙者，剛開始對足球的接觸也是出於運動的喜愛。

蔡教練規劃當完兵之後在社會上經歷過兩、三年開始創業，當時認為自己嘗試成立公司的角度是對自己人生規劃最好的，按照計劃，蔡教練出社會以後到資訊公司上班，做過伺服器架設相關的業務，在社會上磨練自己，在這過程中除了累積創業的能量以外，也發現自己對於足球是希望能持續不斷維持的熱愛，因此結合自己在社會上的經歷、從小對商業行為的熟悉、自己的興趣，創辦了蔚藍翔鷹足球俱樂部，主要做足球的教學，教導學齡的孩子瞭解足球這項運動、如何踢球。除了對運動的濃厚興趣，足球也是相對運動傷害較少，後續發展性高的運動，再加上實習教學的時候，從他們的成長觀察到，這是從零歲就可以開始接觸的運動，足球是一個需要思考的運動，要多方思考和判斷，使身體協調，眼睛需要看著目標方向，但同時要注意球，用上全身的注意力及肌肉。而教練從足球中又有許多不同面向的教學，這也讓足球這門教育的內容十分廣泛。蔡教練自己也做了相當的準備，考證照的過程才發現，足球和籃球、羽球都不相同，足球是唯一會從頭到尾教學一次的運動。在台灣裁判、教練講習的基礎課程是6天，亞洲是13天，比起其他類型的運動都要長，除了考試檢定以外，也學習教案課程，每個年齡層和階段都有不同的東西得以接觸。

## 理論與實戰同步，讓孩子自主思考

對蔡教練而言足球是一個教不完的東西，除了基本的戰術之外，吸收國外的教材會碰撞出新的技術，足球不分國界也能夠認識到許多國外朋友。另外小朋友的改變和學習成長也都是蔡教練的動力，他提到學習足球很容易，只要一隻腳就能夠踢，理論和實戰同時進行，但不會

1.蔚藍翔鷹團隊照 2.學生手作感謝卡 3.室內室外都可以的運動 4.教練認真與孩子們分享經驗 5.孩子們踢球後露出最美的笑容 6.球是團隊，整個隊伍都很重要 7.參與足球賽事 8.蔚藍翔鷹團隊照

太著重理論，亞洲的教育容易框架住孩子的想法，孩子也不會想聽，大概五分鐘就是極限。但是遇到實戰派的孩子，教練也會放手讓他們多嘗試，在過程中以引導的方式讓孩子從實戰吸收到理論，而孩子其實也很聰明，常常在過程就能融會貫通。但教學技巧都是容易的，難的是怎麼讓孩子面對挫折與失敗。有時候蔡教練更著重在心理建設上，孩子很直接也會鬧脾氣，有時候輸球會放棄，如何讓他們瞭解過程的重要，以及輸球後能學習到什麼東西，都是很重要的，另外還有得失心重的孩子怎麼調整，如何讓他們團隊協作，都比學習踢球技巧更加重要。

## 成就孩子同時成就自己

蔡教練一開始以團隊的方式運行，沒有公司之前採專案制，但接案的教練很容易因為收入無法支撐生活而離開，或是無法維持對教球的熱情，開公司以後可以解決這些問題，給予基本的底薪，但在公司剛起步的時候，也沒辦法給到高規格的薪資，提供過多兼課又會讓教練太疲憊，種種的困難也一路上打擊蔡教練。蔡教練自己也教球，有時週一至週日每天教課，都沒有休息，唯一有休息大概是過年，上課的路

程和備案都花時間，尤其當課程更進階的時候，就要花更多準備時間。還有其他困難的事，例如遇到家長的不認同，很多時候家長們送孩子進來運動，只是基於可以練身體或好玩的理由，但卻在比賽後沒有結果就認為教練不會教，但其實每個孩子進來俱樂部的理由都不一樣，如果一開始就沒有清晰目標，自然沒辦法達成，甚至會讓孩子喜歡運動的心情被摧毀。另一個困難是前期的經濟拮据，創業要處理的事情變得很多，自己接案的時期，空檔時間還能學習自己想要學習的事物，但開了蔚藍翔鷹俱樂部，要做的事情變得很多，找自己的周邊商品，做球員卡，球衣、毛巾等等，自己也要花更多時間準備教案，偶爾還會接到家長電話，處理他們對孩子的意見和問題。

對蔡教練而言，小朋友的進步就是成就感來源，教練不用講很多，孩子就可以理解，建立起默契的過程也讓蔡教練感到安慰，蔡教練也透過教球發現，足球可以帶動許多發展，透過教導足球可以延展到成績和其他核心能力成長，孩子在許多面向都可以發揮所長。蔡教練期望透過足球能夠帶給孩子學習判斷和選擇，教面對比賽的心態，引導學生自主思考、判斷和解決事情的能力，希望由此對社會發揮更多的影響力。

# #B | 商業模式圖 BMC

## 重要合作

- 周邊商品製作廠商
- 教練團隊
- 公園
- 其他俱樂部

## 關鍵服務

- 足球教學

## 核心資源

- 足球專業技術
- 運動心理學
- 課程教案設計

## 價值主張

- 透過教導足球可以延展到成績和其他核心能力成長，讓孩子喜歡運動學習自主思考和協調

## 顧客關係

- 個人協助
- 面對面討論接觸

## 渠道通路

- 臉書行銷
- 口碑行銷
- 周邊商品

## 客戶群體

- 對孩子健康在意的父母
- 想培養運動員的家長
- 長時間工作無法陪伴孩子的人

## 成本結構

教練費用、耗材、運動器材

## 收益來源

教學收入、周邊商品

# #C 創業 TIP 筆記 ✎

- 選定領域後要不斷精進自己，才能給目標對象最好的服務或知識傳遞
- 瞭解付費對象是誰，對於內容與服務做溝通和分享
- 
- 
- 
- 
- 
- 
- 
- 
- 
- 

# #D 影音專訪 LIVE 📹

爵睿室內裝修設計

1.深色木質調給人溫暖沉穩的感受 2.利用光線、材料質感創造出有溫度的空間 3.用光線讓空間感受有不同的變化

關於熱情,了解自己一生想走的路,想做的方向,有多少人真的清楚明白呢?從小爵睿室內設計的呂函總監探索自己了解自己,且也很幸運生在一個開放的家庭,願意支持她往自己喜歡的道路發展。

## 投入一生所愛的設計魂

爵睿室內設計的呂函總監,從小就發現自己非常熱愛藝術領域,喜歡繪畫,一直到求學階段也仍舊熱愛,就讀雲林科技大學空間設計系讓她有足夠的理論基礎,學習過程也了解這是一個辛苦的行業,在室內設計這行工作,睡上一個好覺似乎是一種奢求,即便是面對這樣的環境,呂函總監仍堅定擇她所愛,毅然決然的投入,所幸自己並沒有受到親人朋友太多阻撓。

對於設計,她無法自拔,從投入這行開始就沒有打算離開,學校畢業學成以後也確實投入室內設計職場工作,在室內設計公司累積學校沒有學習到的事情,也漸漸發展出自己的風格和想法。她說其實一開始並沒想過要自己開公司,只是一心投入在這個領域,但有時候專心投入一件事情,隨著自己的心就能找到自己的定位。

室內設計公司後她也到工程公司學習,也透過這個工作了解到更全面的整合,真正開始走上創業路也是因為公司的案子接觸到台中七期的工程建設,當時在「預售屋」施工階段,便有許多客戶希望,預先變更格局、建材、設備、水電管線配置」的服務。這些「客變」的案子找上呂函總監,因為有這些客戶的青睞,讓她開始以工作室型態接案,當手頭的越來越多案子,呂函總監希望給予客戶更高度的信任與服務,才真正創立了爵睿室內設計。

## 將溫度注入空間,重視人與空間的關係

爵睿室內設計竭誠為追求美感與生活品質的業主提供最專業的服務,他們相信設計的價值來自於創造有溫度的生活。「人」才是建構設計的主元素,他們細心傾聽業主的需求,提供專業且完善的建議與規劃,透過光線變化、通風賦予空間溫度,關於設計,如果沒有人使用就只是擺設,爵睿室內設計希望能創造兼具機能與美感的作品。

呂函總監相信每一種設計都值得討論與被期待,因此爵睿設計也走向一間全方位的空間設計公司,跨足私人住宅、商業空間、飯店整體設計、公共設施等各項領域,擅長結合地域性、美學與實用機能,專業整合空間規劃及工程管理、注重細節及質量。對呂函總監來說,每一種空間都讓她擁有規劃的熱情,每一次都是從零開始思考,並且在感受空間的過程和與業主溝通的內容,創造出每個空間的獨特樣貌。

1.KUNHOTEL，呂函總監的設計主題感強烈 2.商業設計，KUNHOTEL，露天空間，利用光影打造優雅的都市生活 3.將許多空間創造成出人意料的樣貌 4.緊扣主題的設計每一個細節 5.童趣十足的蛋黃哥主題餐廳 6.誰說不能把車放在HOTEL裡呢？ 7.商業空間設計MINI HOTEL，每個空間都有獨特主題和想像

# 大膽創新，用心玩設計

在商業空間方面，呂函總監擅長主題式設計，量身打造具有獨特故事性的專屬空間，設計風格多變，活用多元素材，她的設計超越想像，能讓許多人眼睛一亮，有很多細節值得細品；像是空間區隔，常常讓人一走進店裡、甚至還沒進到店裡，視覺衝擊就映入眼簾，有時候利用整體的色調和統一的材質，有時候又用色大膽，她不斷在每一次的專案中，嘗試在創新、創意與和諧一致中找出最棒的平衡。

對每個空間的想像與期待，都是彈性且有感動，結合空間與品牌形象，構築出獨一無二的空間饗宴。也因為呂函總監的獨特性，許多主題餐廳或是飯店也會找上呂函總監協助商業空間的建立，也都確實取得良好的成績。

著重「客製化和以人為出發」的概念，呂函總監認為設計是沒有優劣可言，只有喜好，透過設計的演繹，搭建場域與使用者間的橋樑，替使用者創造專屬的生活空間。而在居所的空間設計，呂函總監認為家是一個人的核心價值所在，所以居住空間的環境最能展現出人對於自己、對於生活上的態度與品味，因此設計是因人而異的。

對呂函總監來說做設計充滿了樂趣和熱情，因此也不會感到疲倦，雖然已經獲得許多的認同和獎項成就，她仍期待未來可以做到更多各式各樣的案子，甚至延伸到建築，她不畫地自限，除了不同範疇的案子之外也接過舊屋翻新，雖然也因為沒有經驗而感到棘手，也曾在創業過程感到不安，擔心沒有案子可以接，但她仍認為每一次的難題都能給她新的生活刺激，在設計方面也能保持新鮮和成長。

# 商業模式圖 BMC

## 重要合作
- 工班
- 材料廠商

## 關鍵服務
- 商辦
- 住宅空間設計

## 核心資源
- 業務能力
- 設計能力

## 價值主張
- 以人為本，規劃合宜舒適的空間體驗，注重細節落實、材質線條的純粹美感風格

## 顧客關係
- 共同協作
- 如同朋友

## 渠道通路
- 臉書粉專

## 客戶群體
- 新婚家庭
- 創業者

## 成本結構
人力、設計成本

## 收益來源
案件收入

# #C | 創業 TIP
# 筆記 ✐

- 堅定自己想走的路，不被外在環境所影響判斷
- 保持真誠的心對待客戶，提供優質的服務與設計，讓客戶有好的服務體驗
- _____
- _____
- _____
- _____
- _____
- _____
- _____
- _____
- _____
- _____

# #D | 影音專訪 LIVE

桓竑智聯股份有限公司

**桓竑智聯**
iHH Co., Ltd

從大集團專案管理的領導者到自己的事業體, 桓竑智聯股份有限公司

執行長洪啟淵(Aryan), 不止步於現況, 不斷挑戰自己, 帶著最強大的資

源和能量, 創造屬於自己新的王國, 不僅是為實現自己的理想, 也為社

會解決更多因為科技而產生的問題。

1.桓竑智聯科技股份有限公司同仁團體照　2-3產品形象照

執行長洪啟淵(Aryan) 在成立桓竑智聯股份有限公司的契機，要提到他在前一個集團的經歷，當時因為集團經手手機開發專案，為了專案的需求Aryan被調派到成都子公司做新的擴展，和台灣配合的部分團隊成員到了成都、上海，三個地方的團隊成員為集團做新型態的開發，這個案子的開發周期從2013年到2015，研發內容包含聯網開發系統，商務或通訊等等，以Aryan為首的團隊，後來拓展到30人上下的規模，在2015年回到台灣試著將產品落地，當時的網路變遷和移動互聯網的成熟度相當高。

Aryan認為在當時成熟體系的公司內部學習非常多事情，也成為他日後創業的基礎。2010年之前，Aryan對創業的想法偏向負面，因為家中曾有長輩在創業上有波折，對家庭生活產生了衝擊，而這並非他希望的，但Aryan個人特質仍讓他走向創業這條路。

## 新挑戰對創業的啟蒙

Aryan到中國以後跳脫了待在公司中做一個專案的角色，一到大陸接管130人的團隊，比他之前所做的任何一個專案都多，管理這些人的吃喝拉撒，也必須對應相關單位的交涉，而這些業務往來就像是創業的過程，他也因此發現自己其實享受這些過程。對於Aryan而言是他人生新型態的拓展，後來回到台灣以後公司也將團隊獨立出來做子公司，以內部創業的概念進行。過程中Aryan仍感覺到與自行創業的差異，在非自己創立的公司內部，任何的專案流程和推進過程有比較謹慎的考量反而無法順利前進，自己有許多想法的他，決定從集團獨立，出來做自己的產業，在當時的集團支持下，雙方達成共識，讓Aryan帶著21人的團隊一起出

來闖蕩，2016年2月份成立了桓竑智聯股份有限公司。桓竑智聯股份有限公司剛開始時就希望著墨在物聯網相關的內容，但也遇到了一些合作問題而不得不為資金妥協，在初期遇到了損失，也是一大打擊，當時也曾考量把團隊帶回老東家，但團隊更希望可以一起撐過這次的危機。為了生存，前期桓竑智聯快速發展接客製化專案，但是他們志向仍在物聯網的新創開發，因此在開發新產品和接案中平衡，堅持營收中的一定的比重必須撥到創新開發產品上。

## 經歷累積帶來對趨勢的精準判斷

開發過程僅僅是支出沒有收入，難免也讓Aryan自我懷疑，然而，正因為曾在大集團內待過，對於市場的趨勢和使用體驗的瞭解，電信網路不同階段的特性，都和物聯網傳輸相關的技術息息相關，演進

1.omputex線上採會，採訪 2.亞太電信，加速器 3.亞太電信，展示日 4. TAcc+展品展示 5.TAcc+國際商務獎AWS JIC 簡報日 6.AWS JIC 簡報日

過程帶來的衝擊和不同的體驗會讓人有明顯感受，因此也給予Aryan很大的動力。桓竑智聯主要特色在AIoT垂直應用領域，以分散節點網路為基礎，開發出智能設備不需要中繼系統就能夠進行遠程檔案的傳輸、存取及通訊。可以應用的範圍相當廣泛，包含資訊的控管，用戶自己本身的設備不需要第三方協助串接，有更好的加密功能，且可以做到群組，一對多或多對多。去中繼系統之後可以協助降低傳輸成本，也能結合各項影像應用功能，例如：臉部辨識、語意翻譯。Aryan始終認為自己不夠聰明，針對跨領域的內容，Aryan會不斷學習和接觸，並不會害怕。他舉例，如果碰到鬼就走過去確認他是不是真的鬼，這是Aryan最主要兩個特質，認為嘗試才會知道後果，且不害怕瞭解新的領域，這也是為何Aryan能夠帶領20幾人的團隊並且還持續擴張的原因。

## 桓竑智聯，聯出未來無限可能

互聯網的商務應用十分廣泛，造就BTB/BTC的界線越來越模糊的現況，因此Aryan認為讓服務內容成熟更優化才是重要的思考方向，創建了平台可能給予一般消費者使用，也可以應用在商務上，複合式的互動通訊工具能夠提供穩定的品質，也希望在三到五年內，他們可以架出一個跨國且能夠國際運用，新型態的通訊網，透過現有的網際網路有新的通訊網，能夠讓大家的設備在檔案傳輸或影像分享上有更好的傳輸方式。端點直連傳輸方式可規避掉資訊的洩漏，且減少不必要的費用。這是AIoT以及5G時代下可被擴展的資訊傳輸方式。瞭解趨勢，隨著市場去調整或做更多的彈性應用，都是新創會遇到的困惑，然而，新創也很容易遇到酸言酸語，要懂得區分哪些是可以聽進去的建言，也要知道哪些是不需要理會的內容，而創業一定要特別注意，這並不是一條可以輕易試錯的路，Aryan提醒大家，服務和產品是要為市場服務、為目標客戶服務，千萬要注意不能只是為了創業者服務，而創業也永遠不可能準備好，因此看準市場就是必須的基本條件。

# #B 商業模式圖 BMC

## 重要合作

- 微軟公司
- AWS 亞馬遜網路公司
- 中華電信
- 亞太電信
- TAcc+ (經濟部中小企業處)
- 電腦師公會
- 分散式組網通訊工具

## 關鍵服務

- 網路平台建置
- 軟硬體整合開發
- APP開發

## 核心資源

- 軟體技術

## 價值主張

- 協助顧客優化智慧裝置與網路關係，降低傳輸成本，強化網路隱私

## 顧客關係

- 客製化的合作

## 渠道通路

- 口碑行銷
- 臉書專頁
- 官網
- Line官網

## 客戶群體

- 使用智慧裝置的任何人
- 電子商務
- 互動裝置
- 通訊裝置

## 成本結構

技術開發成本、人事費用

## 收益來源

網站架置、電子商務、資訊整合、客製專案

# #C | 創業 TIP
## 筆記 ✎

- 不要輕易就想要創業，必須確認你的商品或服務符合市場

- 盤點過去累積的資源，整合出新的團隊

-
-
-
-
-
-
-
-
-

# #D | 影音專訪 LIVE

桓竑智聯股份有限公司

02-2269-6501

新北市土城區中央路四段51號 3樓之3

https://www.ihh.tw/

# #A

沐易室內裝修

沐易，取自自己名字的姓氏，好記又能夠給予個人品牌印象的聯想。創辦者楊順仁(Young)是個豪邁的人，個性直爽不拘小節，為自己想做的事情去堅持努力，憑著一股勁創業，為了不讓自己留下遺憾，和共同合夥人一起創立了沐易室內裝修。

材質挑選

沐易室內裝修以人為本，規劃合宜舒適的空間體驗專注細節落實材質線條的純粹美感的風格，以極簡北歐風格最為擅長，僅做必要的硬裝，多用軟件去塑造個人喜愛的風格，幫客戶規劃出他們最舒適喜歡的空間。

沐易室內裝修對待客戶有自己的一套方式，一般來說設計公司幫忙協助工程會有工程管理費用，設計有設計費，但沐易曾接過沒有預算的客戶用責任監工的方式完成，客戶與他們是如同朋友的關係，雖然少賺一些，但是Young看重的是背後的價值，因為所有的客戶都可能是轉介來源。

他們相信只要服務過的這些人願意與沐易當朋友，且喜歡沐易室內裝修的設計，能夠被客戶信任對於他們而言就很夠了。他們不主動推銷自己，在中部地區建立自己的人脈網，認真的服務每一個客戶，Young的核心理念就是珍惜把握每一位潛在客戶。

## 興趣轉化成事業，堅持自我

當然能夠做到這個程度，除了Young對創業的初衷以及他的個人特質之外，Young也有足夠的累積，自己的經濟來源不完全來自沐易室內設計，更能夠用自己想要的模式去營運。Young創業的起心動念很單純，他覺得做室內裝修是一件很酷的事，從無到有建構出一個空間，符合業主所需要，且具美感、有好的風格，這是一種成就感。因為這樣單純的原因，Young走上室內設計這條路，非科班出身的他，和一位設計師合作夥伴一起打拼，良好的分工讓他們可以有很好的合作，大多數的室內設計風格都是合作夥伴主導，而自己更多負責在業務和人接洽的部分。也因為過去沒有相關背景，所以Young不斷學習，且需要花更多時間去補足

產業的知識、設計的思維想法、瞭解產業市場的過去現在未來，還有產業中的眉眉角角。從台積電出來創業，家人也不支持，認為自己糊塗沒有想清楚，不看好的人有很多，但正因為這些不看好的聲音，反而自己更堅定要執行，而且不只要做，還要把事情做好，Young是個不會輕言放棄的人，任何人的阻止，都不會讓他停下追逐夢想的腳步，他只希望能夠做自己喜歡的事情，把該負責的部分負責好。而對於父母的期待，他以行動去證明自己可以為自己負責，忽視負面的聲音，做自己認同的事業。

## 每次設計都是一次人生旅程

在做設計的過程有許多有趣的事情，也讓Young回憶起來印象深刻。沐易室內設計會耗費大量的時間在前期溝通，就是為了自己的設計能符

1-2.童趣蘇打綠-彰化柏克萊 3.零重力減壓補習班空間-彰化立人 4-5.高雅木色系溫馨辦公空間-民生國小會長辦公室 6-7.原萃清水模-台中陳宅/原萃清水模-台中陳宅

合業主想要的需求，通常在做室內設計最難的是發想，而不是畫出圖，把花了心思設計好的圖給客戶以後，容易遇到客戶希望能修改，甚至反客為主提出一些不合理的要求，初期Young覺得這過程耗時，且感受不到尊重，但在經歷過許多案子以後，很習慣了修改，也能夠理解客戶非領域專業，所以自然要與他多溝通。

彰化的一個商辦的案子，讓他獲得了很大的成就感，業主是一位曾到澳洲留學的媽媽，看了第一次的圖以後卻沒有進行修改，反而讓Young嚇到，在業界少有這種狀況，但在和客戶的合作過程瞭解到她的背景，受西方文化的影響，對設計師的專業完全信任與尊重。

## 真誠待人，以專業服人

有過幾次的案件經歷，Young也瞭解到和客戶溝通，真誠是最好的武器，用符合邏輯的方式讓客戶知道公司設計師的提案，是參考客戶給的資訊，有怎麼樣的考量，為客戶用心考慮了哪些需求。也以專業的角度協助把關業主的提案，檢視哪裡可能會有問題，哪

裡後續會造成客戶的困擾和麻煩，提供足夠的專業知識給予客戶自行判斷的參考，大多數客戶都能夠理解，和設計師達成共識。創業的過程Young也遭遇過挫折，也曾遇過案子做完但找不到業主收款等等，但學一次教訓學一次乖，這些不舒心的經驗都能夠讓他有新的想法和學習體驗，也因為有了經驗，若是下次遇到相同的困境就知道如何用最適當的方式處理，或是提前避免問題的產生。創業剛起步的時候感受是很苦的，但也同時覺得很開心，而在事業慢慢推展的過程中累積資源，未來也希望能夠認識更多人，也透過這些人讓自己的作品推展出去讓更多人知道，也期待自己能夠對於業界不尊重專業的現況，產生一些影響力。

Young相信只要自己願意，想做就沒有什麼困難可以難倒他，而他也以相同的心態鼓勵想要創業的朋友，對於想做的事情保持熱情，想做就去嘗試看看，不要在乎他人給你的批評聲浪，創業很辛苦，自己也會感覺到疲倦和負面，但是為自己努力的過程，回過頭看自己走過的路和獲得的東西，都會覺得值得。

# 商業模式圖 BMC

 **重要合作**

- 工班
- 材料廠商

 **關鍵服務**

- 商辦
- 住宅空間設計

 **核心資源**

- 業務能力
- 設計能力

**價值主張**

- 以人為本，規劃合宜舒適的空間體驗專注細節落實材質線條的純粹美感的風格

**顧客關係**

- 共同協作如同朋友

**渠道通路**

- 臉書粉專

**客戶群體**

- 新婚家庭
- 創業者

**成本結構**

人力、設計成本

**收益來源**

案件收入

# #C | 創業 TIP
筆記 ✏️

- 堅定自己想走的路, 不被外在環境所影響判斷
- 對待客戶保持真誠, 提供優質的服務與設計, 讓客戶有好的服務體驗

- _____
- _____
- _____
- _____
- _____
- _____
- _____
- _____
- _____
- _____

# #D | 影音專訪 LIVE

沐易室內裝修

台中市西區民權路310號4樓之2
fb.com/沐易室內裝修-197917418238468
6/?ref=page_internal    04-23011369

# #A

美之姿整型外科診所

隨著高齡化社會來臨，大家更注重身體保健，除了追求身體健康之外，也越來越多人重視「外貌」的保養！社會風氣開放以及韓劇整形風潮推波助瀾之下，醫學美容已成為僅次於航空業及汽車業的全球第三大產業，因為人們對於「變美」的需求大增「美容醫學」這個產業也越來越多人投入。

美之姿慶賀開業

每個人都擁有追求美的權利，無論是二十歲、三十歲還是七八十歲，因為愛美而活得更自信從容。為了運用學有專精的技術，深入顧客的個人特質，打造專屬於顧客的個人美學，協助顧客打造美麗的身心，是美之姿整型外科診所要達到的目標：協助顧客達到他們想要的，整形外科醫生投入醫美產業必要不斷精進自己的技術和能力，雖然現今醫美產業有相當大的市場，但也因為越來越多人投入這個產業，因此飽和的速度相當快，除此之外也容易造成一些亂象，而在美之姿整型外科診所的院長侯政宏、副院長廖哲鴬的思維中，認為醫美雖然參雜了更多商業因素但仍是高度專業的醫療行為。

## 開創，不只是診所更是理想家園

院長侯醫師早期在醫院做整型外科重建，或是美容相關的工作，之後因為希望更多時間陪伴家人，也出來到醫美診所工作，兩個人都認為在診所不需要值班，能夠有更多的時間陪伴彼此和孩子，為了共同的家庭理想，夫妻倆都認同創業是一個能更彈性且能擁有自己時間的生活方式，因此一直都有規劃創業。而且開一家診所是許多醫師的夢想，能夠不被傳統的醫療體系所束縛，也能夠依著自己的理想做決策，身為醫師也身為一個家庭成員、一個母親的角色，廖醫師的願景就是希望能擁有自己的診所，並且有時間陪伴孩子健康成長，會有這樣的期待多少受到醫學家庭背景的影響，廖醫師從小就在醫院長大，因此對他而言診所就是家的感覺，她也希望能夠帶給自己的孩子相同的溫暖，而侯醫師和廖醫師彼此都願意為了這個夢想而互相支持。廖醫師和侯醫師的特質相輔相成，兩人為了共同目標而努力，剛好兩個人個性互補，侯醫師較內斂，廖醫師則較活潑，很適合一個對事，一個對人。

兩個人在創業的路上相互扶持，能夠得到最大的綜效。還未真正創業之前兩人在同一間診所就職，一方面是為技術累積希望能達到一定程度，在機會來臨之前兩人都為自己的專業做累積和努力，也用空檔的時間去觀察其他診所的經營模式。

## 做好準備，隨時迎接機會

而美之姿診所的開端是因為前東家的診所想要頂讓，機會來臨的時候，也因為他們都做好相當的準備，就能立刻著手，而他們也認為這種機會不多，雖然也考量許多現實層面的東西，但仍決定要挑戰自己開業，而兩人都是醫師的角度，就希望能夠帶給顧客最好的醫療服務，他們也提到醫療美容產業現在有不同的經營模式，有商人、投資客也有醫師，但對他們而言，

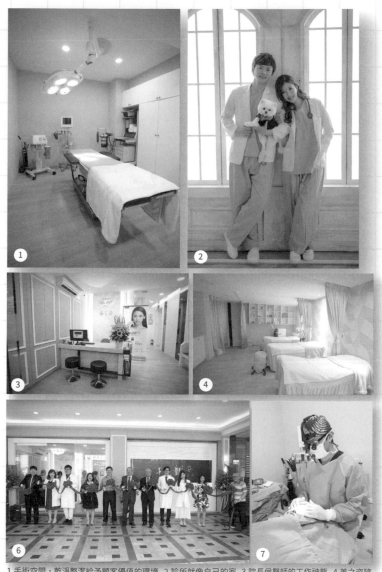

1.手術空間，乾淨整潔給予顧客優值的環境　2.診所就像自己的家　3.院長侯醫師的工作神態　4.美之姿諮詢前台　5.舒適溫暖地診療空間　6.美之姿開業剪綵

更希望是重視醫學的本質。廖醫師希望能夠用最專業諮詢協助顧客，希望不要以推銷和業績為主要考量，而是為顧客的安全更多的評估，選擇顧客最適合的療程而非過度推銷，不違背自己初衷。醫美其實更多在於心理層面的疏通，有時候調整的並非表面看得到的疾病，更關乎一個人的心理和自信，除了手術之外，也會協助他們補充內心的能量。

## 以誠為本，長久經營

善良真誠是他們所期望給予顧客的承諾，最終也希望美之姿可以讓更多人看見，能夠讓顧客信任，甚至未來夫妻兩人也期望可以帶入除了醫美之外的其他的醫療專業，能夠真正服務社會大眾，兩人也提到創業一定要不斷充實自己，並且要建立屬於自己能夠信任的團隊，侯醫師分享到這個產業較難進入，培養醫師是很耗社會成本也很耗時間的，但如果願意努力，要進入這個產業一定要有醫師執照，並且要不斷精進自己專業上的能力，每一至兩個月自己報名手術教學，學會演講及手術示範等等，持續上進、學習。

而夫妻共同創業雖然免不了有爭吵，但是有共同目標，一起的過程可以給予很好的支持，兩人有良好的職責分工，建立出更良好的溝通模式，有時候能夠創造更大的效益。

# 商業模式圖 BMC

## 重要合作
- 醫療器材廠商
- 醫學教學資源

## 關鍵服務
- 美容手術
- 光療、雷射
  填充物注射

## 核心資源
- 專業醫師
- 整型外科技術

## 價值主張
- 秉持著善良與真誠，以專精技術，深入個人特質，打造專屬於個人美學

## 顧客關係
- 客戶有需求主動尋求協助

## 渠道通路
- 臉書
- 口碑行銷

## 客戶群體
- 貴婦
- 公眾人物
- 愛美的任何人
- 皮膚疾病

## 成本結構
醫師人力、醫療器材

## 收益來源
根據每個服務項目收費

# #C | 創業 TIP 筆記 ✍

- 醫療行為重誠信，專業，需不斷精進自己能力
- 準備好自己，在機會來臨時能夠抓住
- _____
- _____
- _____
- _____
- _____
- _____
- _____
- _____
- _____
- _____
- _____

# #D | 影音專訪 LIVE 📹

# Happy 專業寵物

Happy
專業寵物美容
台中市嶺原區育美新194號
電話：04-25264571

Happy專業寵物美容的老闆鄭裕綿和寵物的緣分來自於自身的家庭環境，從小家中便飼養各式各樣的寵物，她相當享受與動物們親近時的單純美好，但她並未想到，會在出社會後經歷各式各樣的挑戰後，再次回到與寵物相關的工作。

1.可愛的服務對象 2.等待洗澡的毛孩們 3.Happy專業寵物美容招牌 4.改變寵物美容的環境

鄭老闆是建築相關的科系出身，在營造和測量公司工作時，發現有許多職場無法改變的習性，曾經遇過職場性騷擾和職場的小團體現象，鄭老闆個性直爽，對於職場中虛有其表的交際應酬和較少的升遷機會感到無力，她深思熟慮之後，毅然決然離開這份職業。

## 生命的重量影響人生思維

其實鄭老闆也曾經在獸醫院擔任過獸醫助理，「幾乎每天都和病痛的寵物搏鬥。」她笑著說道，雖然鄭老闆有恐血症，但她仍盡力地搶救任何一個生命。曾經，生命的重量也讓她對於無法挽救的生命感到自責，在目睹過許多寵物的病痛和難以放下的飼主之後，讓鄭老闆對於生命有更特別的感慨，也使她對於生命更加的豁達，另一方面也從中了解了——自己的個性更適合寵物美容師的工作。在社會中經歷了磨練後，鄭老闆了解到傳統寵物美容師的環境十分高壓，為了增加收入，經常會有超收寵物的情況，導致寵物美容院的環境擁擠吵雜問題，而在有限的時間內要完成一定進度的狀況下，除了無法好好觀察寵物的狀況，也無法專心在專業上，更無法使寵物們以放鬆的心情去享受服務，寵物也會有恐懼和情緒，因此美容師也常被抓傷、咬傷，這樣的狀況下，會使得寵物們越來越害怕整理毛髮或是剪指甲，容易因為清潔不佳而染病。鄭老闆觀察到這些現象之後，想起了與寵物相處時的療癒感，並且希望從事一份自己有熱忱的工作，讓她興起開業的念頭，而在開業之前鄭老闆也重新去學習美容專業，考取寵物美容的證照。

## 安親班模式的快樂SPA體驗

開業後Happy專業寵物美容跳脫業界一慣作法，採用無壓力的安親班模式，這樣的模式對於寵物以及美容師雙方而言，都是有利的，雖然無法一次消化大量的案子，但鄭老闆希望和寵物們建立更多的連結，和多點讓寵物們放鬆的時間，而加上自己本身擁有寵物溝通的能力，同時也接受寵物溝通的委託。鄭老闆認為從事這份事業很強的成就感來自於寵物們來到Happy專業寵物美容都能享受到專業的美容以及放鬆，鄭老闆分享大多數的寵物都是因為過去經驗不好，而Happy專業寵物美容讓寵物們有不同的感受，「寵物們有時候來美容習慣了，來到店裡還會自己抓門叫開門，自己走進澡台，牠們有些甚至比飼主更加了解SOP。」鄭老闆笑著

1.喜歡寵物的鄭老闆，店裡也有養鳥　2.剛剃完毛休息的毛孩　3.安靜休息的毛孩們　4.可愛的小鳥5.剛剃完毛好輕爽　6.和寵物互相需要的關係　7.可愛的動物有療癒的效果

說道。雖然從事自己嚮往的事業很快樂，但鄭老闆坦言一開始經營寵物美容也會擔憂顧客量難以提升，在創業的初期時，會有客源不易開發以及維持的問題，因為大多數的飼主做寵物美容習慣會找自家附近的美容院，基本上在同一間店裡服務慣了之後就不會變動，怕寵物會不習慣。鄭老闆用網路關鍵字和粉絲團經營，讓更多人知道她的專業。慢慢地，許多飼主便便紛紛上門光顧，希望自家的寶貝們能享受到專業的服務，而鄭老闆有別於一般市場的高壓環境，讓許多飼主也相當認同鄭老闆的方式，有些現在的「老主顧」還是靠著口耳相傳而來的，可見鄭老闆的服務是有口皆碑的。

## 真誠待人，活在當下

有些剛認識HAPPY專業寵物美容的客戶，會十分訝異自己的毛孩願意被他人觸碰，或是能夠「享受」洗澡，而鄭老闆也會和飼主溝通，有些寵物過去經驗不好，不能逼牠一次就願意打開心房，但鄭老闆的用心和耐心，讓許多不願意洗澡的寵物來到Happy專業寵物美容便能夠漸漸接受這些改變。真誠的鄭老闆認為和寵物相處可以讓自己平靜，而透過寵物也能與人有更多連結，養寵物的人有許多共同話題，鄭老闆相信養寵物的人，更能與人協調，也更溫和善良，從事與寵物美容對於鄭老闆來說是愛的回流，能夠讓寵物舒服，照顧好的牠們的清潔與健康，間接能夠讓飼主心情更好，也減少寵物生病的頻率。在人生過程，鄭老闆認為很多事情要活在當下，富足的想法和態度會帶來更多的好事，也不要過度去擔憂未來，煩惱過去，「如果想吃美食就享受它，不要擔心著你吃進多少卡路里，單純的好好享用吧！」，透過這樣的人生理念也是鄭老闆事業獨特的原因，而面對人生的許多困難和挑戰，也都隨著她的正向積極和獨有的思維迎刃而解。

# #B 商業模式圖 BMC

## 重要合作

- 與動物醫院異業合作

## 關鍵服務

- 寵物美容
- 洗澡
- 修剪
- 寵物溝通

## 核心資源

- 自身的專業技術與客戶溝通的圓滑耐心

## 價值主張

- 創造對寵物、飼主、美容師都舒適放鬆的環境，讓寵物能做好清潔，減少疾病的發生率

## 顧客關係

- 建立長期良好溝通關係

## 渠道通路

- 關鍵字
- 臉書專頁
- 口碑

## 客戶群體

- 友善寵物
- 在乎寵物健康舒適的人

## 成本結構

美容設備、美容消耗品、店面水電、租金

## 收益來源

客戶案件

# #C 創業 TIP 筆記 ✍

- 做自己喜歡的事情，同時確認項目是有人需要的服務
- 找到自己的特色，做出差異及好品質

- _____
- _____
- _____
- _____
- _____
- _____
- _____
- _____
- _____
- _____
- _____

# #D 影音專訪 LIVE 📹

# #A

歐美留學外語

歐美留學外語

莊耿忠老師(右)獲頒師鐸獎

莊耿忠老師，大學讀的是當時前景看好的機械系，在退伍前接到
父親身體狀況每況愈下的消息，選擇回家幫忙家裡的麵包事業。
在家裡協助幫忙的期間，大學老師牽線認識到在育達工作的學弟，
當時因人手不足請莊老師協助幫忙，才一腳踏進教育的事業中。

1.授課中的莊老師　2.歐美留學外語，榮獲第一品牌獎狀

在教育的環境下，莊老師認為語言是個值得發展的事業，在育達教育服務的時期，接觸到語言的課程企劃，也接觸到與外國老師的業務，開始對於語言這塊有熱情，這段歷程觀察到台灣大多數學生不斷的補習，卻沒有真正學會課程內容。莊老師看見學生辛勤苦讀卻沒有成果時，感到可惜也讓他反思，因而萌芽嘗試去改變語言學習方法的念頭，同時他也考慮自己投身教育事業幾十年，是否能開始做自己的課程內容，造福需要的人；於是莊老師在朋友的建議以及自己勇於跨出舒適圈，創立了歐美留學外語。

## 用語言推動國際化

當時自己出來做補習班的時候，原先目標定在專攻托福系統的英語教學，但在人數比例上考量到台灣學子對於英語考試的認知，多益的了解相較托福更

多一些，轉做以多益測驗輔導為主，雖然如此，但其實當時連多益測驗都不算普及，更多人了解的是全民英檢，這也在前期對莊老師來說是個障礙，也曾遇到招生的困難，因為家長們並不理解多益證照的效益。但莊老師提前看到了國際化的需求，也在歐美留學外語經營幾年後，越來越多人理解到多益證照在國際上及企業中更有競爭力，慢慢大家也從全民英檢轉而專注在多益或是托福。考量到未來，孩子們可以走向國際，莊老師致力推廣國際認可的重要，剛開始推廣許多人並不理解為何多益更有競爭優勢，過程莊老師會耐心解釋，讓家長們更加瞭解英語檢定系統的環境，以及未來趨勢，讓他們對多益有更多的理解。

## 學以致用，從學習方法穩固根基

而歐美留學外語的經營理念，不只是讓孩子們拿到成績，更重要的是學生是否在學習外語上省時省力有成果，並且是真的學會內化到身體裡。憑著這樣的教學理念，推動許多第二外語的學習，歐美留學外語不同於一般的補習班，他們看重學習方法，且針對每個學生找尋他們的學習困境，提升他們的學習意願，讓學生由被動的吸收語言知識轉為主動使用；在歐美留學外語學習，基本上不背單字，在生活或是興趣方面著手，讓學生認識語言，喜歡語言，並且瞭解自己的學習狀態，無論是原本就有一定成績的人或是從頭開始學習的人，都能在歐美留學外語有所進步。一般對於語言的學習想法是需要長時間累積，但莊老師認為用對的教學方式，語言是可以快速上手，上手就是不會再忘記，能夠在生活中

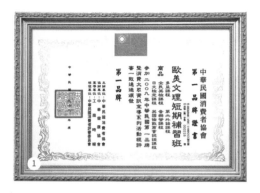

1.歐美留學外語，榮獲第一品牌獎狀 2.學生進步榜，協助學生真正理解英文，幫助改善學習方法 3.頒發獎學金，鼓勵學生用心學習

使用。就如同母語的學習和腳踏車的學習，不會因為很久沒有做就不會做，當我們能在高中大學的時候奠定基礎，能夠享受語言的樂趣，在未來就可以越學越輕鬆。莊老師說，分數不是最重要的，重點是你是否能夠聽的懂，真的可以使用外語對話，透過一次的努力讓學生的語言能力能跟著他一輩子。

## 成就學生就是最好的事業

對莊老師而言，學生的成長就是他最重視的事情，和學生親近，關心學生是否在學習上「卡住了」，當他發現學生們遇到困難，就和他們聊聊近況，透由這個過程細心觀察學生是否陷入自己不知道的困境，並給予相對應的意見。他樂於分享自己的學習經驗給學生，莊老師將學生的學習問題放在心上，在教學過程中去尋求更多可能的答案，有新發現就和學生分享，過程提升自己之外也協助學生在課業上的成長，就是莊老師最大的成就感。未來莊老師也想讓更多民眾知道，學語言並不那麼困難，各國的朋友也開始學習華語，因此歐美留學外語也開始籌備對於華語的輸出，這不僅僅只是語言的交換，更可以促進文化發展和國際觀的養成，莊老師認為外國朋友會喜歡學習華語，就代表可能喜歡華人社會的文化及活動，因此也期望推廣語言的過程讓國外的朋友更加喜歡台灣這片土地，課程的規劃上可以和文化創意、手作教學或是本土藝術課程結合，像是藍染、陶藝、書法、中國結等等，增加課程豐富度以外也能讓台灣的文化被更多人看見。作為教育者，莊老師對語言系統的學習專業不斷提升，用心對待學生會遇到的問題，與他們一同在戰線上共同成長，自己也不斷精進，和許多教育機構合作也讓歐美留學外語的學生更具未來競爭力，而身為創業者如何把初心做好相當重要，尤其教育是長期的影響力，不能忘記當初為了協助學生的心，這是他希望能分享傳達的事，也是他創業能不斷突破堅持的信念趨動力。

# #B | 商業模式圖 BMC

 **重要合作**

- 教科書廠商

 **關鍵服務**

- 多益證照
- 全民英檢
- 國際行銷證照LCCI
- 德文、法文、西班牙俄文、韓文、日文、義大利文課程

**核心資源**

- 師資
- 教育背景

**價值主張**

- 啟發學生學習興趣，克服學習障礙，讓學生有真正的實力

**顧客關係**

- 傳遞教育知識
- 互相配合

**渠道通路**

- 臉書專頁
- 官網
- 部落格

**客戶群體**

- 栽培孩子的家長
- 想考好的學生
- 對外語有興趣的人留學者

**成本結構**

師資、教材、課綱發想

**收益來源**

招生

# #C | 創業 TIP
## 筆記 ✐

- 做出有價值的服務，讓價值替品牌發聲
- 格局放大眼光放遠，因應市場改變

- _____
- _____
- _____
- _____
- _____
- _____
- _____
- _____
- _____
- _____

# #D | 影音專訪 LIVE

世總環保科技有限公司

得邑
Digital Energy

陽光、空氣、水是人類生存三大要素, 世總環保科技有限公司

期下品牌德邑主要產品就是100%台灣生產製造的淨水器全

球總經銷，改善室內空氣品質，李榮福董事長致力讓人們生

活更健康，販售的商品都圍繞在環保、健康的議題。

1.得邑負氫活水機DE-S600-2　2.得邑產品，淨

## 為保健身體而結緣的事業

世總環保科技有限公司的投入並非李榮福董事長一開始的目標，建築業出身的他會轉做健康產業是意外，但也開啟他學習到新的領域。李榮福董事長認為投入一件事情就專注於它，原先在建築業多與公家機關打交道，案件來源多為標案，也常需要拓展人脈，交際應酬，身體卻不能負荷，當時檢查出自身有心血管疾病，醫生建議要裝支架，生活習慣要改善，當時為了改善身體健康，在高爾夫球球友的建議下，接觸了淨水設備和印加果的事業。因為認同朋友的事業以及考量到自己的身體狀況，李榮福董事長開始協助做淨水設備的業務銷售，後續進而瞭解了淨水設備的製作過程以及相關系統，瞭解後自己開模製作淨水設備，外銷到越南、大陸的生意，而自己也因為投入之前就瞭解水利工程，因此對於淨水設備的理解上更快速，進入這個行業前也多少窺探到這些設備的運作內容。

當時業務出身的李榮福董事長，對於把東西賣出去駕輕就熟，除了懂得定下自己的目標外，也對人事的帶領能力掌握得很好，一開始就設立長遠的目標，考量到健康產業未來更加蓬勃發展，剛開始就建立經銷系統，讓東西容易賣的出去，看準海外的市場，這是對市場的掌握，將工廠設立在台灣，維護好的品質，國外的生意僅做銷售及售後服務，大多的國外顧客也是朋友介紹居多，而李榮福董事長的眼光和格局讓自己的事業能持續進步。

## 來自秘魯的珍貴營養

除了淨水器外，德邑還有印加果油的買賣，這是李榮福董事長在身體狀況不佳的情況，因緣際會下認識到印加果的產銷，原產地在祕魯亞馬遜安地斯山脈的印加果，自己曾食用好一段時間，瞭解到印加果油的營養價值，認為印加果相當好可以推廣給親朋好友，並且推廣給更多人知道。因此將印加果引進到台灣種植，在苗栗和朋友合夥印加果農場，堅持有機種植，保護地球環境也確保食用安全，維持永續發展與環保。李榮福董事長剛開始起步時並非一切順利，印加果樹剛開始種植的時候，病蟲害很嚴重，乾枯死亡的樹苗多，一直到近幾年農業技術的進步才慢慢改善，而大多數人對印加果並不瞭解，推動也需要更多的行銷和廣告，原先也期待可以招集台灣農民一起做，但也沒能成功，過程每一步都有需要解決的問題，但李榮福董事長有著堅毅的特質，不懂的事情就問到會。另一個困境是印加果是食用商品，要通過食品藥物管理署的證照，只能慢慢的等待通過驗證才能販售，因此有許多已經研發出的產

1.2019年印加果種子SGS檢驗(重金屬/黃麴毒素/農藥殘留) 2.2019年印加果種子SGS檢驗(重金屬) 3-4.印加果種植

品還未真正上市，雖然現在還無法讓消費者接觸到所有產品，但李榮福董事長也有信心，這些商品可以上市的時候能帶給社會更多價值。德邑目前能夠做到一條龍服務，在桃園和生技廠合作，把種植成熟的印加果送到桃園製成果油，不僅可以控管品質，也能降低成本。印加果油有高含量的Omega3、6、9，也富含多種維生素及胺基酸。

## 堅持冷壓冷榨，慢工出好油

而李榮福董事長為了維持最好的印加果油，堅持有機種植，和維持冷壓鮮榨，無菌填裝，不為了提升產量破壞原油的營養價值。李榮福董事長在創業後有相當的感觸，過去身為僱員時，認為顧好自己就行了，但創業後則重視社會回饋，他相信企業必須要有責任，也認為每一個賣出的商品都應該帶給顧客真正有效益的價值。李榮福董事長相信事業能夠長久，隨著時代所有的商品都會推陳出新，而水的事業則不會停止，每個人每天都需要攝取水分。而其他面向的商品，會聽取顧客的意見，如果能研發更多好的產品，就能使公司進步。而網路的時代，德邑也開始以電商的方式販售印加果商品，讓更多人可以更方便取得。未來也希望能將好的產品外銷至日本、韓國，讓事業版圖擴及到整個亞洲。創業在李榮福董事長心中最重要的就是堅持，如果無法有恆毅力，就不如好好上班，創業十分辛苦，李榮福董事長也經歷過三天三夜沒有時間休息，而且常常遇到自己不會的問題，要不斷詢問精進學習，把不會的事物搞懂，並且堅持做對的事情，還有想成就的事業才能有機會成功。

# #B 商業模式圖 BMC

## 重要合作

- 電商平台
- 包裝產品設計

## 關鍵服務

- 印加果油系列產品
- 淨水器產品

## 核心資源

- 淨水器工廠
- 印加果種植

## 價值主張

- 提供良好的品質及專業的態度，給予客戶最好的產品，秉持著穩健發展、追求企業永續經營及成長為理念

## 顧客關係

- 買賣交易
- 有需求的人主動尋找

## 渠道通路

- 官網
- 露天拍賣
- 蝦皮購物
- Yahoo奇摩

## 客戶群體

- 在乎健康者
- 家中有長輩的家庭
- 心血管疾病養身者

## 成本結構

商品開模、技術研發、人事費用

## 收益來源

商品買賣

# #C | 創業 TIP 筆記 ✐

- 以親身的體驗做最好的驗證

- 瞭解自己生命中重要的事情為何，並專注於目標

- _____

- _____

- _____

- _____

- _____

- _____

- _____

- _____

- _____

# #D | 影音專訪 LIVE 📹

世總環保科技有限公司

LIVE ▶

台中市霧峰區中正路1137巷1號

04-2330-2496

twdigitalenergy.com/index.php

合勤健康事業

共生宅

創立合勤健康事業股份有限公司的李柏憲董事長，並非第一次創業，曾開創合勤建設的事業，這讓他的事業體能夠相輔相成。李柏憲是土木建築背景，20幾年時間都在蓋房子，103年初創立合勤建設，106年後開始往大健康產業發展，成立合勤健康事業，面對高齡化社會開始做為業界領頭羊規劃執行新的共生宅概念。

1.共生宅概念圖 2-4.結合住宅、餐飲、照護，以及各式軟硬體整合

## 建設自己的精采人生

在學生時期選擇專業的時候，自己因為喜歡繪圖，當時家中長輩建議能夠往建築土木的專業發展，成長的路上一直對於該領域的學習深化，也喜歡這個產業因此出社會仍持續在產業中發展，過去都是以建設與土地開發為主，住宅、興建、開發，做為踏實的基礎拓展接下來的共生宅，在學生時期就開始養成專業的培育，出社會李柏憲從施工人員做起，副主任、主任、工務主管，到土地開發業務一路在不同位置學習，投入的過程自然而然有許多機會和認同他的人。在職涯中累積自己專業，並且對於過程被業主、投資者、合作對象認同，在後續擁有足夠多的創業的能量，而對於李柏憲而言創業是一種不斷進步之後必然的結果。

成長階段的李柏憲，就感受到自己未來會不同於他人，過去在成績沒有特別優秀，和夥伴、同事的相處也不是特別有領袖魅力的人，但常常獨處讓他更多探索，有更多不同層次的思考和思維，而這些對事物的理解會形塑出自己可以做的事情。投入鑽研自己的工作，就會有許多想法，可能身邊的人會來來去去，身邊的團隊成員也會調整，而自己持續不斷的學習，在進步的過程中，也會必然被推到扛下責任的位置。他對市場有一定的熟悉及理解，想做的事情也有許多人認同，身邊有人願意一起參與，甚至已有人願意買單，自然而然將李柏憲推至創業的位置。過去經歷也讓李柏憲的內心踏實，當機會來臨不會恐懼，也有足夠能力承擔。看似順遂的過程，但他也提到創業並非容易的事情，在職涯生涯中學習相關的經驗與專業的累

積、足夠的資金、被認同且有人願意支持，以及擁有高度的企圖心才能在這行走上創業這條路，創立了合勤建設以後一直到106年開始發展共生宅。在產業理解到對於這個建設產業皆是首購、換屋，是否有其他的定錨點，考量到未來少子化、高齡化的問題，在結合自己家庭環境的經驗，他也因為做為家中的長子，面對長輩照護都是許多人必然會遇上的問題，這讓他對於市場趨勢有個大致的預期，而在未來中，建設產業能夠有怎麼樣的延續和發展，是他希望能夠提前處理的，另外李柏憲本身也身為大專院校客座教授，長期在學術與業界的串聯，也讓李柏憲對於社會公益有更多的在乎和注意。

## 打造新社區型態，落實在地共生

往健康產業發展能夠與原本合勤建設的硬體設備兩相呼應，而遇到的新挑戰是在於過去不需做資產的

1.共生宅環境，圖書室 2.共生宅環境，住宅外景色 3.受到各界注目的共生宅，許多政商名流也一起共襄盛舉 4.開幕式 5.打造任何全年齡向都能舒適使用的空間 6.共生宅概念圖

營運管理和維護，而合勤健康共生宅必須要在軟體的部分下功夫，兩者必須要兼顧才能做出共生宅的價值。跳脫過去產業的框架，發展健康共生宅的技術和專業性相當高，硬體的開發與軟體的導入，李柏憲擁有的優勢，是過去對於硬體的專業能力，自己擅長的前期架構，再導入不同的軟體進入住宅中，讓更多各行各業進駐，不同需求不同資金的挹注以及不同的產業整合，是合勤健康事業所建構的共生宅對於老齡社會住宅的新概念。以住宿、餐飲、照護課程下去做評判與篩選，產業鏈以這三個主軸延伸，在住宿衍伸出旅館、老屋改造，餐飲有咖啡、餐廳，活動則是投資在日照機構、課程活動中心、空間租借等等在不同的角度有不同的共生宅延伸。而合勤健康事業已完成建築，第二階段就要有入住及營運的業績確認，第三階段將這個模組到各地複製，使它遍地開花。做共生宅，合勤健康事業是指標性的，也是走在台灣最前端，可以看到未來產業鏈的改變，當這件事情能夠被更多人認知，被更多人認同，就能提升重要性，也許會因此改變許多人的生活型態，而這樣的進步與社會的價值是李柏憲所重視的，並且用行動來推展。

## 將世代、文化溫柔包容的共生宅

共生宅透過包容的概念，存在平衡、進退、取捨，共生宅隱含這些認知，因此包容是合勤健康事業希望帶給社會的品牌印象，未來的老後生活也許有許多想像，能夠在各國候鳥式的旅居，為此合勤健康事業也會針對未來願景規劃執行，而接下來共生宅能夠串接的廣度是更多值得期待的生活模式，全年齡向的場域，讓世代的人們可以融合共生。李柏憲分享創業過程是不斷的學習，不斷動態的調整，可能許多設定的起頭都會和實際操作不同，在還未建立出循環的模式前，包含人、產品、服務都是要不斷動態調整，接觸新的領域就一定會遇到新的挑戰。而許多新資訊的介入適合不適合這個產業鏈，需要用專業判斷篩選，對於新的項目就必須做好前期設定，有幾個原則要先去確認，第一，確認是否和目前的吃、住、活動悖離、第二是必須和原本設定的大健康方向一致，最後要了解自己的目標客戶是誰，追求大健康，中產階級，而調整過程觀摩、嘗試與溝通都是必須的，願意付出多少代價及承擔責任，才能擁有多少成就。

# #B 商業模式圖 BMC

## 重要合作

- 社團法人台灣樂齡建築發展協會
- 未艾宅
- 漫思匯所
- 康茵行旅
- 好青春
- 生活提案
- 愛自然

## 關鍵服務

- 多元社區整合住宿
- 銀髮族友善場域

## 核心資源

- 合勤建設集團資源
- 硬體建設專業

## 價值主張

- 「樂齡關懷」與「居住環境」為基本觀念，推動符合高齡長者的空間環境需求，建構一個安全舒適、人文關懷的智慧型建築居家環境，提昇高齡長者居家建築安全與生活品質

## 顧客關係

- 長期關係

## 渠道通路

- 官網
- 粉絲專業
- 媒體報導

## 客戶群體

- 銀髮族及家人

## 成本結構

人力、設計成本

## 收益來源

案件收入

# #C | 創業 TIP 筆記

- 累積對市場的瞭解與需求的精準度判斷
- 先從自己擅長的產業中累積資源和能量，可以有穩固的根基向外擴展
- _____
- _____
- _____
- _____
- _____
- _____
- _____
- _____
- _____
- _____
- _____

# #D | 影音專訪 LIVE

合勤健康事業股份有限公司

台中市烏日區大同九街73號

04-2376 9339

hochin-cohousingcompound.com/index

創業者聯盟

知交品牌的創辦人賴舜雍, 賴大, 發現網路平台在2013年突然大洗牌, 對於創業家而言需要一個好的商務媒合平台, 透過社團找到最佳的合夥人、資源和社群平台, 也希望未來做到跨區、跨境整合, 賴大期望讓創業者有更多資訊對市場有更通盤的了解, 進而更容易成功, 以此同時創造更多正向循環。

## 資源、需求的碎片化做商務媒合

創業是人生週期會碰到的事情，在職場工作歷練約5～7年後大多數人會思考自立門戶來兼顧家庭與事業，但創業初期必須投入成本，過程中也需要尋求資源、專業來支援創造價值。暴風數位的創辦人—賴順雍觀察到人生中這個需求與現象，並且也從市場面去觀測，到2006年開始至今，台灣的網站平台、軟體程式十幾年間一片倒，多數被外商佔領，僅剩2.5%本土業者。而對中小企業的扶植，台灣政府政策一直都是如法炮製仿效育成孵化、美國矽谷對於公司企業、專業人才培育，大程度上是環境逼迫後團結而成，所以過程會朝興眾利、私自利哪種路線發展，規模做大做小端看個人經驗造化。除此之外，數位資訊科技時代，電子商務、社團群組、商務媒合、社群商務、協銷分銷、共享租賃的模式特別大放異彩，過去商協工會（商會協會工會）也是有商務媒合

模式的效果，只是時代演進讓商協工會（商會協會工會）為了維持經營營運，加上會員素質良莠不齊，部分逐漸演變出做生意拉訂單的弊病。目前市面上現有的商業商務社團群組、網站平台、軟體程式等較少有商務專方提案、商業獲利模式等資訊的提供。

觀察到這些面向的基礎下，賴舜雍籌備創建了網站平台名為知交，透過知交品牌的臉書社群，創業者聯盟（商務群英會）持續擴大影響力、號召力，為了改善台灣創業環境而努力，也因為擅長行銷推廣、數位資訊、設計規劃、專案企劃，接是椅網路為主的專業，因此大家習慣稱呼他為賴大。為了提供「最好的商務提案、優質的合夥合作，來減少創業路上的風險」走向B2B社群，創業者聯盟主打三感（信任感、認同感、安全感）、五力（凝聚向心力、評價

公信力、認知理解力、溝通說服力、決策執行力），做到交流討論、對接串聯的模式，且致力將MVP專案變現。賴大說「商業模式是營運的循環、獲利模式是技術的產出」，商業前置作業在於發現動機意圖、現象事實、行為舉動等一連串線索，好的商業獲利模式應該是從現象去找線索，之後不斷的從階段拼圖中做市場試錯驗證、才能提高機會。如今從2020年2月開始每月驟降66.66～75%，而一息尚存的公司企業正是思考商業獲利模式轉型轉變的契機，很多公司企業因為過去經濟貿易的東撈西撿，卻忘記準備佈局導致一蹶不振，有句話說「彎得過去是拓海、風見，彎不過去就填海、再見」，「在順境中拼搏、縫孔洞求生存、困逆境逼成長、安逸享樂滅亡。」專案方案、共利共享的前提就是三方都可以規模化、賺到錢，因此必

須找定義、訂標準、設條件來縝密規劃才可以進可攻、退可守和目標合作對象串聯，且最好、最壞的打算都要做否則就是「搬石頭砸自己的腳」，因此必須具備改善營運成效、增加資產利用、強化顧客價值、降低營運成本、行銷操作模式、系統功能迭代等一種。因此用買賣交易賺差價來說是區域性的，而商業獲利模式取決於市場試錯驗證後，可以將不同碎片化的巿場需求和專案方案整合起來，來連接利害關係價值。

## 老闆群的資源站、員工的補給站

創業者聯盟成立於2012年主要是透過社群交友的利基，創造專方提案和合夥合作的價值，2013年台灣的網站平台歷經市場大洗牌陸續收掉，而他們則在暴風中不斷進化，也發現要不斷的驗證試錯和修正改進才能達到最佳的效果，從一開始18個專方提案整併到商務媒合化、區域在地化、數位閱讀化、社群遊戲化、社群商務化五種模式。也在體系制度規則的制定中，把商業商務的型態劃分為「公司企業、工業工廠、設施設備、實體店面、數位資訊、網站平台、軟體程式、行銷推廣、文化創意、設計規劃、產品商品、服務業務、專業技術、硬體韌體、樣品打樣、種植養殖、無店鋪類、經濟貿易、營建營造、裝潢裝修」等20種，而單位身份包括創業者（創辦人、合夥人）、經營者（接班人、關係人、負責人、經理人）、創作者（寫作家、創作人）、SOHO族、投資者。在初次創業時還沒有完整商模、足夠的資源時期，可以嘗試做MVP專案（Minimum Viable Product）透過模型的設計規劃用三分之一的時間、價格來驗證可行性，若是執行得當再完全投入、修正改良。賴大也常提供大量的商業商務的資訊，讓他人快速瞭解市場現況，進而做出相對應的策略，另外社群也會提供不同的專方提案，讓創業者、經營者們評估是否可以參與，在這個過程中又能協助商業模式的流程步驟評估，甚至協助到產品的生產製造、改良改善、行銷推廣、募資集資、量產銷售。在知交中培養核心成員，透過這樣的資源資訊交換，建立出合夥合作、創新創業、兼職兼差這樣的品牌聯想，期許商務媒合化是一個可以找到最佳合夥合作和串聯資金資源的社群交友平台。

1.創業者聯盟活動側拍　2.2019年4月商務媒合化中部場，在中區版主的場地舉辦

## 主打區域在地化來振興內需市場

在創業者聯盟中的商業獲利模式中主要強調人際人脈鏈、產業供應鏈、歷史事件鏈來做專方提案（找合作）、協銷分銷（拓通路）、組合配對（做支援）、官方承攬（組班底）、應徵應聘（職員工）、頂讓轉讓、服務缺口，透過以抽成抽佣、條件交換、外包接案、合夥合作、引流導購等方式進行，覆蓋率約87.5%。對應商業獲利模式的流程步驟可以看出九大原則，依序是（1）需求價值主張（2）成本收入來源、獲利拆帳分潤（3）核心技術資源（4）商業獲利模式（5）給予品質價值（6）合夥合作對象（7）行銷推廣模式（8）體系制度結構/階段專案計劃（9）顧客客群分眾。以樂高積木為案例可以發現九大原則一體適用：（1）需求價值主張：雖有不同形狀大小但不限制想像力（2）顧客客群分眾：應用層面廣泛1～60歲都可老少咸宜（3）合夥合作對象：實體店面通路、網站平台通路（4）行銷推廣模式：以模型樣品做為示範噱頭和競賽比賽（5）給予品質價值：簡單耐用、種類豐富，能夠與其他積木交互使用（6）核心技術資源：執行限制性創新拓展市場客源、建立專利版權、設想應用情境（7）商業獲利模式：從會員用戶給予品質價值後，以解決問題方案作為商業獲利模式（8）體系制度結構：體系制度結構上樂高樹立D4B準則、低成本的標準化輸出模式，而階段專案計劃上每種市場試錯驗證都很重要，但是若是失敗了先擱著等下次再給予融入（9）營收獲利來源：成本收入來源以樂高積木的產品商品系列為核心，建立上中下游的產業供應鏈，在由專案方案中建立獲利拆帳分潤。他們也做線下的活動、課程，讓社群使用者可以互相交流，瞭解到商業獲利模式，賴大提到剛開始創業不容易通盤理解，透過研究來協助他們避開地雷陷阱，若是缺乏對市場的認知理解就容易失敗。所以在年度商務媒合的活動中，透過參與率來做陌生開發，參加者可以認識彼此的專業背景、需求缺口來創造正向循環、合夥合作。課程有些是成員私下辦理，有些是講師教師認領、場地空間配合等做小型學習，讓剛接觸的人初步了解商業獲利模式，避免一頭熱糊塗栽進去後惡性競爭、慘賠收攤。

1.2020年1月商務媒合化北部場 2.2020年2月商務媒合化中部場，成員人數已經到達破萬關頭

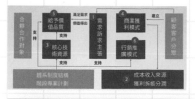

1.創辦者賴順雍分享時的神態 2.創業者聯盟活動側拍

## 台灣在地資源的充分運用，
## 成就自給自足的創業環境。

剛開始賴大和兩位好友一起創業，執行至目前發展到北部、中部、南部、東部都有地區版主，並且達到9900人的創業者聯盟（商務群英會）人數還會持續增加中，透過更新體系制度規則訂定的條件標準，篩選留下真正的創業者、經營者、創作者。當人數越密集時資源就越完善，成員們在資源端、接收端、需求者之間切換。目前社群中比較缺乏投資者，因為本身在社群內就相對少數，加上風險投資、創投投顧，必須要有成長幅度才會考慮投資、較難對接，當然未來知交也希望後續有更多這類的資源的引進。

提到對於網站平台的理念信念，賴大說過去台商分布各地，且都自己人互打，而台灣其實有很好的能量，可以透過優質的社群啟動區域在地化，當人口密集度夠的時候就能彼此就近支援，在地創生也會直接帶動產業供應鏈有所成長、主打內需，賴大說台灣有足夠的資源能夠自給自足，希望改善台灣創業環境，未來可以做到其他國家是否資助、協助都能夠不受影響台灣企業，透過不同的資金資源結合可以創造更多商機。

## 支持者留言

- 同樣身為創業者，在賴大的領導下看到許多商業機會，以及很多不同的商業模式創造，覺得非常有收穫。期待在賴大的領導下，創業者聯盟可以在逆勢當中持續成長，創造無限可能！——溫體氣流 江學洋 先生

- 一切都是最好的安排——黃瑋杰
  創業這條路有苦也有甘，也許不曉得是否成功，但至少訂定目標並

- 沿途修正，可以從中獲得人生中最佳的經驗
  ——蔡悼任 先生
  行動吧！不要害怕失敗，所有的成功必來自於大量失敗經驗的累

- 積。希望有機會能和賴大多交流學習。
  ——彩鎮企業有限公司 杞錦全

- 成功是給準備好的人——林桐榮 先生
  每個人都正在開創自己的新道路，We can help.
  ——黃俊士 先生

- 創業與人生，皆是充滿各種危機及機會。不要氣餒，不要絕望！我們還有一生的時間可以證明自己的價值。
  ——基爸爸

- 看著黑傑克從圖友一路走來變成獨角獸創新經營者，真的蠻酷和蠻強的。是個始終如一的強者。小弟永遠只看到他的車尾燈。
  ——野原小助

- 很感謝賴大將一群在創業路上的社群人集合一起分享資源、討論與鼓勵，讓在創業路上學習的我們，擁有一群實戰經驗的導師，更勝於書本與學堂上的理論。
  ——陳慧玲 小姐

## 購書支持者留言

- 創業如履薄冰，時時刻刻都要虛心學習，感謝創業者聯盟讓大家交流互助。

  ——— 林滄億 先生

- 非常佩服創辦人的努力與堅持，為創業家們建立有伴的創業路！

  ——— 彭士維 先生

  只有創業的人，才能了解創業的苦，這個商務媒合平台的創立，讓大家相互的交

- 流及幫忙，是非常寶貴的資源，我本身願意善用外，更願意推薦給其他需要的人。—— 許俊欽 先生

- 無到有真的不容易，謝謝賴大的領頭。

  ——— 謝一肇 先生

- 燒錢 燒腦 燒體力 燃燒吧每個有夢的小宇宙

  ——— 訪藍國際有限公司

- 我們都是推動時代的齒輪，孜孜矻矻，成就下一個未來。

  ——— 王瓊富

- 加油！祝福賴大和創業者聯盟——— 陳泳志 先生

- 謝謝建立了這個社團 ——— 林柔君

- 大家加油，齊力互助，共同發展 ——— 范成威

- 築夢踏實！——— 林憲謙 先生

- 加油！支持！——— 蘇思萍 小姐

- 創業之路，我們都不孤單！——— 邱永宏 先生

- 感謝賴大用心經營與分享 ——— 李雨庭 小姐

  千百萬種的商業模式、語錄，能不能執行都在於對人生的體悟 ——— 杜瑋霖 先生

**資料補充**

2020年1月開始新冠肺炎的助攻使得商務媒合化和台灣國內需求大振，也在計劃希望以九都台北、新北、桃園、新竹、台中、彰化、台南、高雄、台東為據點，以興眾利的循環方式讓利害風險關係平衡做三方受益，而國際趨勢的產業供應鏈也紛紛重組轉移、破勢成長，讓區域在地化的成效越加顯著。同時倒閉歇業大洗牌也是百廢待興的時機，可以看出以下五種賽局發展模式：（1）王者創造機會（先驅者）（皇者設局、王者降局、霸者定局）：創造機會的通常都是創造者、先驅者，所以可以改變大部分的趨勢，對於局勢會有創造、降伏、掌控的三種狀態。（2）智者把握機會（改良者）（智者佈局、賢者做局、識者破局）：把握機會的通常都是創新者、改良者，所以可以改變部分發展趨勢，對於局勢會有佈局、破解、延伸的三種狀態。（3）強者等待機會（後進者）（強者勝局、理者穩局、勇者爭局）：等待機會的通常都是後進者、模仿者，所以可以改變部分關鍵差異，對於局勢會有搶佔、獨占、聯合的三種狀態。（4）弱者錯失機會（模仿者）（仁者平局、和者結局、弱者出局）：錯失機會的通常都是追隨者、分杯羹，無法改變趨勢但有部分差異，對於局勢會有穩定、模仿、波及的三種狀態。（5）愚者放棄機會（投機者）（患者入局、貪者除局、愚者敗局）：放棄機會的通常都是投機者、炒短線，所以無法改變只能賺過手差價，對於局勢會有短暫、轉移、震盪的三種狀態。行業定位：從人生週期來說！一般都是在職場工作上有些歷練約5～7年才會出來自立門戶等於「創造屬於自己的行業」，所以每個人的定位也逐漸成型：（1）創辦合夥是你的身俊掌控局盤（2）專案企劃是你的腦幫出謀劃策（3）仲介業務是你的腳因為到處跑（4）設計規劃是你的手做數位資訊（5）網站平台是你的眼做物色配對（6）經紀顧問是你的口做諮詢指導（7）產品商品是你的舌實驗試水溫（8）財務會計是你的胃收支記帳（9）彩妝化妝是你的形做美容裝扮（10）專欄文章是你的耳幫你打探聽（11）商業獲利模式是你的鼻嗅商機（12）客源股東是你食物有營收獲利而以下階段性模式的動機意圖包括：（1）商務媒合化：商務媒合化是透過人際人脈鏈、產業供應鏈、歷史事件鏈來做專方提案（找合作）、協銷分銷（拓通路）、組合配對（做支援）、官方承攬（組班底）、應徵應聘（職員工）、頂讓轉讓（2）區域在地化：區域在地化是想縮短城鄉差距、收集地方情報、就近彼此支援、租賃共享經濟、擅用地區人才。（3）社群遊戲化：社群遊戲化是透過體系制度規來建立紅利獎勵回饋、引流導購循環、篩挑汰換對象（4）數位閱讀化：數位閱讀化是透過情報分享交流、專欄日記文章、數位閱讀教學，來建立出版社和寫手作家、圖文插畫、表情貼圖的商機（5）社群商務化：社群商務化是透過網路商店商城來建立買賣交易（買賣交易、代收寄放、面交店面、採購採買）、供應批發、經銷代理、協銷分銷（團購代購、批發批客、寄賣代銷）、經濟貿易等專方提案。

# #B | 商業模式圖 BMC

 **重要合作**

- 電子商務的協銷分銷（拓通路）
- 區域在地化的組合配對（做支援）
- 商務媒合化的專方提案（找合作）
- 數位閱讀化的寫手作家、圖文插畫
- 線下活動舉辦的場地空間配合
- 投資投顧、工業工廠、實體店面、經濟貿易、電子商務

 **關鍵服務**

- 教學交流課程
- 線下活動舉辦
- 年度商務媒合
- 街訪專訪調查

 **核心資源**

- 資訊來源快速
- 專方提案優化

 **價值主張**

- 篩選優質的核心成員和團隊班底來協助情報交換、資源對接、產業串聯。從會員用戶給予品質價值後，以解決問題方案作為商業獲利模式

 **顧客關係**

- 透過專方提案來合夥合作

 **渠道通路**

- 臉書社團、Line群組做挑選分類後再轉到網站平台上

 **客戶群體**

- 創業者
- 經營者
- 創作者
- SOHO族
- 主管幹部
- 專業就業

**成本結構**

專方提案的資金投入，必須花時間在挑選上，主機伺服、套件插件，階段專案計劃上每種市場試錯驗證都很重要，若是失敗了先擱著等下次再給予融入。

**收益來源**

商務媒合化的專方提案，建立上中下游的產業供應鏈，實驗試錯後在來拆帳分潤。廣告刊登、VIP會員、數位閱讀化的專欄文章、官方成攬化的外包接案、試用體驗、開箱業配、街訪專訪

# #C | 創業 TIP 筆記 ✏️

- 透過精準目標來擴大外部效益，吸引相關的顧客戶群，越多人參與就有更多資源和需求

- _____
- _____
- _____
- _____
- _____
- _____
- _____
- _____
- _____
- _____
- _____

# #D | 影音專訪 LIVE

# Spotify | BMC (範例)

## 重要合作

- 唱片公司
- 所有權人
- 獨立音樂家

## 關鍵服務

- 個人電腦軟體、網站、手機應用程式維護
- 音樂資料庫管理
- 文字內容取得
- 契約協商
- 行銷

## 核心資源

- 重要合夥契約
- 品牌
- 作品內容
- 僱員

## 價值主張

- 於訂閱者/免費使用者
- 藉由廣告或合理成本取得上千萬音樂資料庫權限
- 藉由串流服務立即取得音樂資料庫權限

## 顧客關係

- 同邊/跨邊網路效應

## 渠道通路

- 網站、手機應用程式、臉書廣告、粉絲專頁、開發者工具與廣告API

## 客戶群體

- 網路使用者
- 廣告行銷商
- 開發者

## 成本結構

數據中心營運成本、行銷費用、研發費用、管理費用

## 收益來源

免費服務、廣告收益、付費收益

# 我創業，我獨角 （練習）

設計用於 _____ 設計人 _____ 日期 _____ 版本 _____

| 重要合作 | 關鍵服務 | 價值主張 | 顧客關係 | 客戶群體 |
|---|---|---|---|---|

核心資源

渠道通路

成本結構

收益來源

我們邀請到「我創業我獨角」的發行人Andy及總監Bella來訪談這次書籍的起源，以及未來獨角傳媒的走向。
(Andy以下簡稱A，Bella簡稱B，採訪編輯Flora，簡稱F)

F: 為什麼會想做獨角傳媒？

A：我們創辦享時空間，以共享的概念做為發想，期望能創立讓創業家舒適的環境，也想翻轉傳統對於辦公室租借封閉和沉悶的印象，而獨角傳媒是以未來可以獨立運行為前提的一個新創事業群。

B：進駐空間的客戶以創業者和個人工作室為主，我們發現有許多優秀的企業家，他們的故事都很值得被看見，很多企業的商品、服務以及他們的創立初衷都很精采。中小企業是台灣經濟的支柱，有很多優秀的新創團隊也正在萌芽，獨角傳媒事業群因此而誕生。

A：就像Bella說的，目前傳統媒體看到的都是大型企業甚是上市櫃公司企業家的報導，但在那之前每一家初創企業從0到1到100看到的更是精實創業的創業家精神，而獨角的創業家精神，就是讓每一位正走在0到1到100階段的創業家，都能成為新媒體的主角，也正如我們創辦享時空間的初衷就是讓創業者可以幫助創業者。

B：Andy就像是船長一樣，會帶領我們應該要去的方向，這讓我們很有安心感，也清晰自己的目標，我們要協助台灣創造出更多的企業獨角獸。

F: 為何會以出版業為主?在許多人認為這已經是夕陽產業的這個時期?

A：我們認為書籍的優勢現在還不容易被其他媒材取代，專業度、信任感以及長尾效應，喜歡翻閱紙本書籍的人也大有人在，市面上也確實有各種類的創業書籍持續在出版，因此我們認為前景相當可行。

B：因為夕陽無限好(笑)，就如同Andy哥所說，書籍的優勢以及書本特有的溫度，其實看書的人不如想像中的少，當然為了與時俱進，我們同步以電子書和紙本書籍在誠品金石堂等等通路上架，包含製作了網站預購頁面，還有線上直播，整合線上線下的優勢，希望以更多元的型態，將價值呈現給大家。

F: 做了業界唯一的直播創業故事，這個發想怎麼來的?

A：先把價值做到，客戶來到空間受訪，感受到我們對採訪的用心和專業，以及這本書籍的價值和未來預期的收穫讓企業家親自感受。

B：過程的演變當然是循序漸進的，一開始的模式跟現在完全不同！經過一次又一次的修改，發現像廣播室或是帶狀節目的型態很適合我們想傳達的內容，因此才有這樣的創業心路歷程的直播。

F: 過程中有遇到什麼困難?

A：一開始也會有質疑聲浪，也嘗試了很多種方法，過程需要快速調整。但我們仍有信心獨角傳媒會變得越來越強大，獨角聚也是我們很期待的商業聚會，企業家們能夠從中找到能夠合作的對象，或有更多擴展自己事業版圖的機會。

B：書籍的籌備需要企業家共同協助，這過程很不容易，每個人都是很重要的，因為業界有許多不同型態的創業書籍，做全新的模式，許多人一開始不瞭解會誤解我們，透過不斷的調整，希望能跳脫過去大家對於書籍廣告認購模式的想法。

F: 希望透過這件事情，傳遞什麼訊息?

A：讓對於創業有熱情有想法的年輕人可以獲得更多資源協助，也能夠讓更多人瞭解商業模式的架構與內容。

B：提供不同面向的價值，像是我們與環保團體合作為地球盡一份心力，想告訴讀者獨角這家企業出版的成品除了分享，還有很高的附加價值。台灣有很多很棒的企業故事，企業的前期很需要被看見的機會，因此我們創造這樣的平台協助他們。以消費者的角度，我們也希望購買書籍的人能夠透過這些故事得到更多啟發和刺激，有新的創意發想，幫助想創業的朋友少走一些冤枉路。

F: 那對於我創業我獨角的系列書籍，有甚麼樣的期許呢?

A：成為穩定出版的刊物，未來一個月一本的方式，計畫做到訂閱制的期刊。

B：一定要不斷的進化，每一次都要做得比之前更好，目前我們已經專訪過上百家企業，並且現在以指數成長，當大家更認識獨角傳媒以及我獨角我創業系列書籍，就可以更有影響力，讓更多有價值的內容透過獨角傳媒發光發熱。

# 關於這本書的誕生

**6565** 電話通數

**320** 小時電話通時

**206** 小時專訪時數

**2035.18** GB專訪的檔案

**9280** 小時工作時數

**103** 專訪品牌家數

**51** 共享出版精選家數(收錄)

**2000+**
正式出版前預購書籍數量

## 共享出版遺珠家數(未收錄)

嬉行旅 / 星漾商旅 / 安口咖啡 / 享時人煎 / 小角手捻 / 小樹廚房 / 誠美學診所 / 臥雲工作室 / 博客創意旅店 / KUN HOTEL / J.C Design studio / 快思股份有限公司 / 上吉生貿易有限公司 / 綠矩整合有限公司 / 潛立方旅館股份有限公司 / 哩里室內裝修設計有限公司 / 潘朵拉美學整形外科診所 / 米秝琪整形外科診所 / 總管家租賃住宅服務股份有限公司 / 宏音影視著作工作室 / 凱馨實業股份有限公司 / 永春不動產北屯加盟店 / 光宇生醫科技股份有限公司 / 小西藏館 / 峰狂形象整合有限公司 / 米菲多媒體股份有限公司 / 萬聯地產開發股份有限公司 / 台灣房屋建成旗艦店_萬家地產有限公司 / 漢鼎智慧科技股份有限公司 / 奈曲Natural27舒肥弁當 / 飛翔音樂行銷公司 / 果果愛寵物零食 / 胖胖猪肉鬆肉乾 / 尚承科技 / 得展棉業（股）公司 / 寵物鮮食 / 好米芽 Homiya / 里歐國際股份有限公司 / 晨菱生技股份有限公司(歸毛家族) / 敦昱科技 / 灼灼科技股份有限公司 / 酸辣粉 / HOUR JUNGLE Co-Working / 食藝獸。幼兒食育-兒童料理-親子共廚 / 八洋精密股份有限公司 / cos玩創藝子晉 / 洛鈞畜產科技股份有限公司 / 圓夢家文創行銷有限公司 / 草木實業有限公司 / 金圓幸福島婚禮顧問 / 絲碧淨科技（股）公司 / 魔特創意有限公司 / 凱馨實業（股）公司

# UBC獨角聚
## UNIKORN BUSINESS CLUB

### 不是獨角不聚頭 | 最佳的商業夥伴盡在UBC

台灣在首次發布的「國家創業環境指數」排名全球第4，表現相當優異，代表臺灣的創新能力相當具有競爭力，我們應該對自己更有信心。當看見國家新創品牌Startup Island TAIWAN(註)誕生，透過政府與民間共同攜手合作，將國家新創品牌推向全球的同時，我們也同樣在民間投入了推動力量，除了透過『我創業我獨角』系列書籍，將台灣創業的故事記錄下來，我們更進一步催生了『UBC獨角聚商務俱樂部』，透過每一期的新書發表會的同時，讓每一期收錄創業故事的創業家們可以齊聚一堂，除了一起見證書籍上市的喜悅外，也能讓所有的企業主能夠透過彼此的交流，激盪出不同的合作契機，未來每一期的新書發表，也代表每一場獨角聚的商機，相信不是獨角不聚頭，最佳的商業夥伴盡在獨角聚，未來讓我們一期一會，從台灣攜手走向全世界。

# Startup Island TAIWAN
# 品牌故事與願景 <sup>註</sup>

臺灣,國土面積雖然不大,但我們擁有豐富的人文歷史與生態樣貌,且具有多元、包容與自由的風氣,在臺灣,人人都有創業基因、人人都敢做夢。過去,臺灣扮演著全球科技產業的重要夥伴,而在這充滿著創業熱情的島嶼,我們也一直熟悉白手起家的故事,我們驕傲於往日至今的榮光,也相信會由新一代的創業家來繼承。許多的創新與創意正在這座島嶼落地生根,未來,我們的創業團隊必會延續臺灣勇於挑戰的DNA,將創業能量發揮至無限可能。

Startup Island TAIWAN象徵從新創之島出發走向世界舞台,積極向國際展現臺灣新創蓬勃發展的巨大能量,並傳達我們有意願且有能力對全球創新創業發展作出貢獻。我們相信臺灣能成為世界新創的支點,提供實踐創新的養分,而Startup Island TAIWAN將作為臺灣新創拓展全球的支點,讓臺灣創新創業名號響亮全世界。Startup Island TAIWAN的LOGO以群山倒映在海洋上,呈現島的意象,並組合成無限符號及DNA符號,象徵臺灣新創能量的無限可能,以及台灣人人皆有創業基因。以山、海意象的輔助圖形表現臺灣依山傍海的險峻地形,亦象徵臺灣創業家冒險犯難、堅毅不屈的性格;翩翩起舞的蝴蝶象徵臺灣的多元文化;燈泡則象徵臺灣源源不絕的創新能量。

# 一書一樹簡介

## One Book One Tree 你買一本書 | 我種一棵樹

為什麼推動計畫？文化出版與地球環境共生

你知道，在台灣大家都習慣在有折扣條件下買書，有很多書體書店和出版社，正在消失嗎？UniKorn正推動ONE BOOK ONE TREE | 一書一樹計畫 - 你買一本原價書，我為你種一棵樹。我們鼓勵您透過買原價書來支持書店和出版社，我們也邀請更多書店和出版社一起加入這個計畫。

我們的合作夥伴 "One Tree Planted" 是國際非營利綠色慈善組織，致力於全球的造林事業。One Tree Planted的造林項目在自然災害和森林砍伐後重建森林。這不僅有益於自然和氣候，還直接影響到受影響地區的人。

**為什麼選擇植樹造林?**

應對氣候變化和減低碳排放量，植樹一直是減少全球碳排放的最佳方法之一。普通的成熟年齡樹木每年能夠阻隔48磅碳。隨著全球森林砍伐的繼續，我們的植樹造林項目正在種植樹木，這些樹木將為我們淨化未來幾年的空氣，讓我們能繼續呼吸。

## 每預購1本原價書，我們就為你在地球種1棵樹。

**一本書，可以種下一粒夢想 ｜ 一棵樹，可以開始一片森林**

**立即預購支持愛地球**

# 獨角商業模式圖

## 重要合作

- 享時空間七期概念館(專訪)
- 閻維浩律所(著作權)
- 白象文化(總經銷)
- 1shop. tw (預購網站)
- 創業者聯盟(商務平台)

## 關鍵服務

- 創業專訪邀約
- 影音平台內容製作
- 網路預購宣傳
- UBC獨角聚

## 核心資源

- FB LIVE / IGTV / YouTube 愛奇藝/Spotify.com/Google Podcast/Apple Podcast / KKBOX ....等20多個影音平台全球首發聯播

## 價值主張

- 獨角文化是全台灣第一個以群眾預購力量，專訪紀錄創業故事集結成冊出版的共享平台。我們深信每一位創業家，都是自己品牌的主角，有更多的創業故事與夢想，值得被看見。獨角文化為創業者發聲，我們從採訪、攝影、撰文、印刷到行銷通路皆不收取任何費用。你可以透過預購書的方式化為支持這些創業故事，你的名與留言也會一起紀錄在本書中。

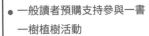

## 顧客關係

- 一般讀者預購支持參與一書一樹植樹活動
- 客戶的支持者預購留言同步收錄書中
- 客戶的廠商預購可獲得企業專訪

## 渠道通路

- UNIKORN.CC官方網站
- LINE@官方帳戶
- Facebook官方粉絲團
- LINE社群
- Facebook社團

## 客戶群體

- 新創公司
- 創辦人
- 企業家
- 二代接班
- 經理人
- 主理人

## 成本結構

企業邀約、創業專訪、影音製作、書籍設計/內容製作、印刷出版、銷售宅配

## 收益來源

預購及出版後的銷售額/客戶的庫存預購銷售額

客製化版本(封面、書腰、內文版面)

UBC活動入場費用(一次性、訂閱制)

**總監：羅芷羚/Bella/職場多工高核心處理器功能，善於分配人力跟資源，喜歡旅遊跟傳遞美好的事物**

大事到公司決策會議，小事到心靈spa溝通。把對的人放在對的位置，也可以隨時補上任何角色!挑戰人生實現夢想。

「你們要先求祂的國，和祂的義，這些東西都要加給你們了。」(Matt 6:33)

**IT部門：李孟蓉/Gina/被說奇怪會很開心的水瓶座**

將創業家的故事以時下流行的直播方式作為曝光，並以各種影音形式上傳至各大平台，將各個創業心路歷程及品牌向全世界宣傳。(心聲：整天關注並祈求點閱率提高…)

**文字編輯:蔡孟璇/Lamber/喜歡攝影,球賽,KPOP的水瓶女子**

協助架設採訪及直播器材,將創業者的故事寫成文章,讓大家可以看到創業者的心路歷程。

**發行：廖俊愷/Andy　Liao/連續創業尚未出場 / 創業15年/奉行精實創業法/愛畫商業模式圖**

鼓勵每個人一生都要創業一次，夢想10年後和女兒NiNi一起創業。
我靠著那加給我力量的，凡事都能做。
(Phil 4:13)

**採訪編輯：李佩容/Flora/中二病治不好的採訪者**

主要工作內容：挖掘創業家們埋藏在心深處的秘密和過往以及未被熟知的神秘力量（´▽`)/
將優秀的那面曝光讓大家知道，並且將故事撰寫成文章，釋放台灣中小企業的強大力量。

**文字編輯:胡秀娟/Hazel/芋泥貓星人夢想有朝一日能回芋泥星。暴走時會吐出哇沙比泡泡。**

近期目標掏空公司零食櫃(進度1/10000)。
隱藏職業：現代黑魔法學者。
呃啊啊寫簡介當下打不開餅乾包裝覺得很餓嗚咿。

**美術編輯：楊蕙綺/Kigi/職業貓奴**

將文字透過紙媒載體，傳遞到企業主手中。

**採訪規劃師：吳淑惠/sandy/兼具太陽~射手座及月亮～雙魚座的矛盾衝突特質。**

喜歡美的事物，包含品嚐美食，工作上自我要求完美（尤其是績效）
為企業主規劃提供專屬的購書計劃以及專業的行銷網路宣傳。

**採訪規劃師：賴薇聿/Kelly/喜歡研究花跟喜歡各種花語的巨蟹座**

正在努力活著的人。邀約企業主跟開發不一樣的客戶，希望他們在這邊都能在這邊順利完成採訪，也喜歡和客戶聊聊天。

**採訪規劃師：張斐琳/Willa/熱情的人來瘋**

邀約想被更多人知道妳/你的理念與理想的創業者，讓妳/你的里程碑多一項被解鎖的紀錄。

**採訪規劃師：翁若琦/Lisa/標準哈日族**

熱愛看日劇跟去日本樂團的演唱會療癒自己，2020沒演唱會可以看so sad
邀約各種企業家及創業主，有時遇到同溫層的採訪規劃師會倍感溫馨，希望可以透過工作邀來自己本身也很喜歡的公司或是工作室來到公司分享他們的故事，讓更多人認識他們。

獨角傳媒快樂小夥伴

工作也可以輕鬆
但我們可不隨便

總有意外驚喜
的團隊

一人一菜的快樂聚餐

超專業攝影棚

# 參考資料

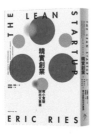    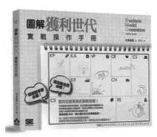

精實創業-用小實驗玩出大事業 The Lean Startup ／ 設計一門好生意 ／ 一個人的獲利模式 ／ 獲利團隊 ／ 獲利時代-自己動手畫出你的商業模式

# 網路平台

# 我 創 業，我 獨 角。

• #精實創業全紀錄,商業模式全攻略 ─────○

## UNIKORN Startup

494.1 109017906

978-986-99756-0-5

**作者**─獨角文化 - 羅芷羚 Bella Luo

**採訪編輯**─李佩容 Flora

**文字編輯**─蔡孟璇 Lamber、胡秀娟 Hazel

**監製**─羅芷羚 Bella Luo

**美術設計**─楊蕙綺 Kigi

**內文排版**─楊蕙綺 Kigi

**影音媒體**─李孟蓉 Gina

**採訪規劃**─張斐琳 Willa、吳淑惠 Sandy、賴薇聿 Kelly、翁若綺 Lisa

**特約採訪規劃**─郭至偉 David、魏榮達 Kevin、石凱仁 John、黃詩軒 Lydia、張芮郢 Fresa 、莊幸芳 Eva

**發行人**─廖俊愷 Andy Liao

**出版**─獨角國際傳媒事業群 - 獨角文化

台中市西屯區市政路402號5樓之6

**電話**─04-37077353

**e-mai**─hi@unikorn.cc

**發行**─享時空間控股股份有限公司

台中市西屯區市政路402號5樓之6

**電話**─04-37077357

**e-mail**─hi@sharespace.cc

**法律顧問**─閻維浩律師事務所

**著作權顧問**─閻維浩律師

**總經銷**─白象文化事業有限公司

製版印刷 初版1刷 2020 11月初版